高等院校"安全工程"专业硕士研究生 ～～～～～～～～
GAODENG YUANXIAN "ANQUAN GONGCHENG" ZHUANYE SHUOSHI YANJIUSHENG "SHISANWU" GUIHUA JIAOCAI

安全学原理

ANQUANXUE YUANLI

主　编○ 邹碧海
副主编○ 刘　春　刘　晋　游　静
　　　　马爱霞　陈　坤
参　编○ 王文和　方　丰　鲁　宁
　　　　段玉龙　巫尚蔚　胡宪君
　　　　王　力　李雯雯

西南交通大学出版社
·成都·

图书在版编目（ＣＩＰ）数据

安全学原理 / 邹碧海主编. 一成都：西南交通大
学出版社，2019.2
高等院校"安全工程"专业项士研究生"十三五"规
划教材
ISBN 978-7-5643-6679-7

Ⅰ．①安… Ⅱ．①邹… Ⅲ．①安全科学 – 研究生 – 教
材 Ⅳ．①X9

中国版本图书馆 CIP 数据核字（2018）第 290756 号

高等院校"安全工程"专业项士研究生"十三五"规划教材

安全学原理

主编　邹碧海

责任编辑　张华敏
特邀编辑　杨开春　陈正余
封面设计　何东琳设计工作室

出版发行　西南交通大学出版社
　　　　　（四川省成都市二环路北一段 111 号
　　　　　西南交通大学创新大厦 21 楼）
邮政编码　610031
发行部电话　028-87600564
官网　　　http://www.xnjdcbs.com
印刷　　　四川煤田地质制图印刷厂

成品尺寸　185 mm × 260 mm
印张　　　10.25
字数　　　255 千
版次　　　2019 年 2 月第 1 版
印次　　　2019 年 2 月第 1 次
定价　　　41.00 元
书号　　　ISBN 978-7-5643-6679-7

课件咨询电话：028-87600533
图书如有印装质量问题　本社负责退换
版权所有　盗版必究　举报电话：028-87600562

前　言

安全生产是中国特色社会主义新时代坚持和发展的重要内容，是实现全面建成小康社会的重要保障。2016年，中国政府公布《中共中央国务院关于推进安全生产领域改革发展的意见》，确定了2030年实现安全生产治理体系和治理能力现代化的目标。当前，我国安全生产基础仍然薄弱，尤其是安全生产人才方面存在人才总量不足、高层次科技人才匮乏、人才培养与安全生产及管理实际需求脱节等突出问题。开展高层次应用型安全工程专业人才教育是安全学科发展的基础，也是安全生产工作的前提保障。

践行党的十九大报告精神，把科技兴安、人才强安，安全发展、科学发展落到实处，加快高层次应用型安全工程专业人才的教育和培养以适应社会需求，是我们每一位安全教育工作者的责任。

"安全学原理"作为安全工程专业人才培养的基础课程，在安全学科知识构架中起着重要的作用，目前大多数开设有安全工程专业的高等院校都将"安全学原理"作为重要的专业基础课程予以重视和推广。为了适应安全工程专业应用型人才培养的目标和要求，我们编写了这本《安全学原理》教材。

本教材共分八章，系统地介绍了安全学原理的主要内容，包括：安全科学总论、安全科学基础知识、安全社会原理、事故概述、事故致因理论及模型、事故的预测与预防理论、重大危险源的辨识与控制，并结合典型案例分析事故发生的原因及教训。

本教材内容丰富、体系完整、案例新颖，尽力做到了理论联系实际，突出了综合性、系统性、实用性的特点，充分体现了应用型人才培养的目标和要求，可作为安全领域专业硕士学位研究生的教材使用，也可作为相关专业本科教育的提高性教材。

本书由重庆科技学院邹碧海教授任主编，负责教材的统稿工作。具体编写分工如下：第1章、第2章由邹碧海、游静编写；第3章由巫尚蔚、胡宪君编写；第4章由陈坤编写；第5章由马爱霞编写；第6章由刘晋编写；第7章、第8章由刘春编写。另外，在编写过程中，邹瑞、邹宇、康靖雯、刘欣、苏美意、蒲文莲、张馨尹、高飞、陈南熹、涂智、苏进、向宇杰、向阳、陈思同、林依佳、张军军等研究生参与了文字录入、校对整理、案例完善等工作，在此一并向他们表示感谢！

本书在编写过程中参阅了大量的文献，在此对所引用的参考资料的原作者表示最诚挚的谢意！

在编写的过程中，我们得到了重庆科技学院安全工程学院（应急管理学院）、重庆市安监局（应急管理局）相关部门和处室的老师和领导的大力支持，特此致谢！

由于编者水平有限，写作时间仓促，书中难免有不当之处，敬请读者批评指正！

编　者
2019年1月

目 录

第 1 章　安全科学总论

1.1　安全的概念与特征

根据中国安全生产科学研究院所编著的《安全生产常用名词术语释义研究报告》，安全是指没有危险、不受威胁和不出事故的状态。从风险管理角度来看，安全是指不可接受的风险得到有效控制。

一般认为安全是一种无危险、无威胁、无伤害的状态。《大英百科全书》认为，安全是消除危险、威胁、伤害等的活动。安全也指目标、模式等。实现安全状态、目标、模式的活动用"安全工作""安全生产""安全管理"等词汇表述。

安全也可以理解为通过追求企业生产过程中人、机、物、环、系统、教育培训及其他各方面要素的安全可靠、和谐统一，达到制度与文化、管理与装备的高度一致，使各种危险因素始终处于受控和可控状态，进而实现打造本质型、永恒持久的安全状态的目标。

安全具有以下基本特征：

一是人的安全可靠性。这是最关键的，现代化的设备代替不了现代化的管理，要做到本质安全，首先要确保人的安全可靠。

二是机器设备的安全可靠性。例如，企业提出要追求机电"零事故"，意义不在于"零事故"本身，更在于通过机电"零事故"达到机器设备的本质安全。

三是物的安全可靠性。静态的物品要做到安全可靠；动态的人要做到不伤害自己，不伤害别人，不被别人伤害，保护他人不受伤害。

四是系统的安全可靠性。主要是依靠技术人员，在系统上要做到可靠、科学、务实，有针对性。

五是制度的规范、管理的科学安全可靠。任何一项制度、管理不能就制度而制度、就管理而管理。一切必须围绕人的安全来考虑、设计，做到科学、可行、人性化。

综上所述，安全有两种情况：一种是失误的本质安全，就是在即使误操作的情况下也不会导致事故，或者是阻止事故，降低损失，减少损害；另一种是出现故障情况下的安全，当设备、工艺、装置发生故障的时候，还能够暂时实施正常的工作、运行或者自动转变到安全状态，不至于导致事故伤人。

1.2 安全科学的产生和发展

1.2.1 国外安全科学的发展历程及现状

16 世纪，西方开始进入资本主义社会，至 18 世纪中叶，蒸汽机的发明使劳动生产率空前提高，但劳动者在自己创造的机器面前致病、致伤、致残、致死的事故与手工时期相比也显著地增加了。起初，资本所有者为了获得更高利润，把保障工人安全、舒适和健康的一切措施视为不必要的浪费，甚至还把损害工人的生命和健康、压低工人的生存条件本身看作不变资本使用上的节约，以此作为提高利润的手段。后来由于劳动者的斗争和大生产的实际需要，迫使西方各国先后颁布了劳动安全方面的法律和改善劳动条件的有关规定。这样，资本所有者不得不拿出一定的资金来改善工人的劳动条件，同时需要一些工程技术人员、专家和学者来研究生产过程中的不安全、不卫生问题，进而许多国家先后出现了防止生产事故和职业病的保险基金会等组织，并赞助建立了专门的科研机构。

德国于 1863 年建立了威斯特伐利亚采矿联合保险基金会，于 1887 年建立了公用工程事故共同保险基金会和事故共同保险基金会，于 1871 年建立了研究噪声与振动、防火与防爆、职业危害防护理论与组织等内容的科研机构。荷兰国防部于 1890 年建立了研究爆炸预防技术与测量仪器以及进行爆炸性鉴定的实验室。到了 20 世纪初，许多西方国家已建立了与安全科学有关的组织和科研机构，研究内容涉及安全工程、卫生工程、人机工程、灾害预防处理、预防事故经济学、职业病理论分析和科学防范等。

随着越来越多的人员从事安全管理和安全工程的工作，安全开始成为一个学科，很多国外高等学校设立了安全方面的独立教学与研究机构，如澳大利亚英纳什大学的事故预防中心、美国伊利诺伊大学的安全健康科学系、美国奥克拉荷马大学的火灾与安全工程系等。美国的安全教育发展较快，从 20 世纪 70 年代开始美国的部分大学已设立了卫生工程、安全工程、安全管理、毒物学和安全教育方面的本科、硕士和博士学位。目前，美国的密西西比州立大学等 54 所高校设置了安全类专业。英国设置了安全类专业的高等学府有伯明翰大学、爱丁堡大学等。日本的横滨国立大学、东京大学等高等学府设置了安全类专业。这些高等学府设置的安全类专业，其研究方向涉及安全管理、安全工程技术、职业卫生等多个方面，授予的学位包括本科、硕士和博士。

日本在研究安全技术方面虽起步较晚，但发展却较快。日本注重吸收世界各国的经验和教训，在安全工程学这一领域进行了深入研究并取得了成果。日本许多大学都开设了反应安全工程学、燃烧安全工程学、材料安全工程学和环境安全工程学四门本科课程，并培养安全工程学的硕士和博士。现在日本国内与安全工程有关的大学教育体系和研究机构达 76 个，杂志 36 种，学会和协会 33 个。由于坚持安全工程学的研究和实践，日本近 20 年来产业事故发生率和死亡人数一直居世界最低水平。

目前较为权威的有关安全学科的国际学术杂志有《安全科学》(Safety Science)、《安全研究学报》(Journal of Safety Research)、《可靠性工程与系统安全》(Reliability Engineering & SystemSafety) 等，从中可以看出，国外尤其是欧美等发达国家对安全科学的研究已有足够的深度和广度，已经趋于成熟。

1.2.2　我国安全科学的发展历程及现状

我国的安全科学技术主要是在中华人民共和国成立以后逐步发展起来的，目前大致可以划分为三个阶段，即初步建立阶段、迅猛发展阶段和新的发展阶段。

初步建立阶段是指中华人民共和国成立初期至 20 世纪 70 年代末，国家把劳动保护作为一项基本国策实施，安全技术作为劳动保护的一部分而得到发展。在这一阶段，为了满足我国工业发展的需要，国家成立了劳动部劳动保护研究所、卫生部劳动卫生研究所、冶金部安全技术研究所、煤炭部煤炭科学技术研究所等安全技术专业研究机构，开展了矿山安全技术、工业防尘技术、机电安全技术、安全检测技术、毒物危险控制技术等的研究工作。在这一时期，我国安全技术的发展体现在两个方面，一是作为劳动保护的一部分开展的劳动安全技术研究，包括机电安全、工业防毒、工业防尘和个体防护技术等；二是随着产业生产技术发展起来的产业安全技术，如矿业安全技术（包括防瓦斯突出、防瓦斯煤尘爆炸、顶板支护、爆破安全、防水工程、防火工程、提升运输安全、矿山救护及矿山安全）。冶金、建筑、化工、军事、航空、航天、核工业、铁路、交通等产业安全技术则与生产技术紧密结合，并随着产业技术水平的提高而提高。

迅猛发展阶段是指 20 世纪 70 年代末至 90 年代初，随着改革开放和现代化建设的发展，我国安全科学技术有了突破性的发展，主要表现在安全科学体系和专业教育体系基本形成。在此期间，建立了安全科学技术研究院、所、中心等 50 多家，拥有专业科技人员 5000 余名。1983 年，中国劳动保护科学技术学会正式成立。1984 年，教育部将安全工程本科专业列入《高等学校工科专业目录》。20 世纪 80 年代中期，我国学者刘潜等提出了建立安全科学学科体系和安全科学技术体系结构的设想。1986 年，中国矿业大学首次获得了安全技术及工程学科硕士、博士学位授予权，使我国在安全科学领域形成了从本科到博士的完整的学位教育体系，标志着我国安全科学技术教育体系的形成。此外，在企业，数以万计的科技人员工作在安全生产第一线，从事安全科技与管理工作。可以说，这一阶段我国已经形成了具有一定规模和水平的安全科技队伍和科学研究体系。

新的发展阶段是指 20 世纪 90 年代以来，我国安全科学技术获得了新的全面发展，主要表现在安全科学体系日趋成熟，专业教育体系基本完善；安全科学技术发展纳入了国家科学技术发展规划；安全科学技术研究机构形成网络，取得了一大批科研成果。近几年来，已有数百项安全科技成果获得国家、省（市）和部门的奖励，例如，2015—2018 年，"煤矿深部开采突水动力灾害预测与防治关键技术""高安全成套专用控制装置及系统""高混凝土坝结构安全关键技术研究与实践""深大基坑安全精细控制与节约型基坑支护新技术及应用"等数十项安全科技成果获得了国家、省(市)和部门的奖励。截至 2018 年，我国拥有"电力系统及大型发电设备安全控制和仿真国家重点实验室（清华大学）""煤炭资源与安全开采国家重点实验室（中国矿业大学）""化学品安全控制国家重点实验室（中国石油化工股份有限公司青岛安全工程研究院）""爆炸科学与技术国家重点实验室（北京理工大学）"等安全类相关的国家重点实验室达 17 个。我国的产业安全技术也正在向高科技水平发展，传统产业如冶金、煤炭、化工、机电等都成立了自己的安全技术研究院（所），并开展产业安全技术研究，而科技产业如核能、航空航天、电脑智能机器人等则随着产业技术的发展而发展。我国把安全科学技术的发展重点放在产业安全上。核安全、矿业安全、航空航天安全、冶金安全等产业安全的重点科技攻关项目已列入国家计划，特别是我国实行对外开放政策以来，随着产业成套设备和技术的引进，同时引进了国外先进的安全技术并加以消化，如冶金行业对宝钢安全技术的消化、核能产业对大亚湾核电站安全技术的引进与消化等，均取得了显著成绩。

1.2.3　我国安全科学的发展趋势

1.2.3.1　形成安全科学理论体系和方法论

过去，我国没有安全科学这一学科，在生产和劳动安全方面只提倡"劳动保护"，而人们对劳动保护的概念也仅从其政治意义和在生产中的重要性等应用的角度加以阐述或理解，因而对"劳动保护"缺乏从科学概念和学科理论上的系统探讨和说明，更谈不上建立相关的科学技术体系结构了。

钱学森教授在 1982 年发表了《现代科学的结构——再论科学技术体系学》一文，他运用马克思主义的哲学观点提出了现代科学技术体系结构理论，这是对建立安全科学技术体系的有力支持。钱学森教授认为："从应用实践到基础理论，现代科学技术可以分为四个层次。首先是工程技术这一层次，然后是直接为工程技术作理论基础的技术科学这一层次，再就是基础科学这一层次；最后通过进一步综合、提炼达到最高层次的马克思主义哲学。这也可以看作是四个台阶，从改造客观世界的实践技术到最高哲学理论，可以算是横向的划分。"并认为这个认识过程是双向而不是单向的，科学认识的深化层次呈阶梯式排列，反映出人类思维活动由浅入深或由深至浅的两个运动方向，构成了科学技术体系的基本内容。

根据钱学森教授的这一思想，1985 年，《从劳动保护工作到安全科学（之一）——发展状况和几个基本概念问题》与《从劳动保护工作到安全科学（之二）——关于创建安全科学的问题》的发表，对创建安全科学学科进行了系统的理论论述，明确了"劳动保护"和"安全"二者之间的关系，即前者是后者所能发挥的作用或功能，并正式提出了安全科学技术体系结构框架。

我国最初的安全科学基础理论研究表现为分散状态，安全科学技术专家、医学专家、心理学家、管理学家、行为学家、社会学家和工程技术专业人员等从各自的研究立场出发，以各自的分析方法进行研究，在安全科学的研究对象、研究起点、研究前提、基本概念等方面缺乏一致性，安全科学没有形成一个严谨的体系。进入 21 世纪后，我国安全科学领域重整了理论体系，其科学性得到不断升华。今后，我国安全科学将在吸纳其他学科分析方法的同时，逐渐成熟，形成自己的理论体系，并不断创新分析方法。

1.2.3.2　安全科学技术的研究内容继续深化和扩展

我国安全科学技术的研究内容将向以下两方面发展：一是继续发展和完善事故致因理论、事故控制理论和安全工程技术方法，在更大程度上吸纳其他学科的最新研究成果和方法；二是随着生产和社会发展的需要，将深入研究信息安全、生态安全、老龄化社会中的人的安全等问题。

1.2.3.3　以建立和完善安全生产监察和管理体系为中心

安全管理基础理论与应用技术研究将以建立和完善市场经济条件下的我国安全生产监察和管理体系为中心，形成完整的安全管理学、安全法学、安全经济学、安全人机工程学理论和方法。

1.2.3.4　以预防和控制工伤事故与职业病为中心

安全工程技术研究将以预防和控制工伤事故与职业病为中心，一方面使产业安全工程技术继续得到发展，另一方面将大力发展安全技术产业，以满足我国经济发展和人民生活水平大幅度提高的需要。

1.3　安全科学的定义与学科体系

安全学科既不单纯属于自然科学学科，又不单纯属于社会科学学科，而是一门综合性学科。它是以数学、力学、物理学、化学和生物学等学科为基础理论，以安全哲学、安全学原理、安全系统工程、人机工程、行为科学、可靠性理论、毒理学等学科为应用基础理论，并结合具有普遍性和代表性的生产技术及安全技术知识，对人、物以及人与物的关系进行安全相关的分析研究，形成在安全科学技术开发与推广、安全工程设计与施工、安全生产运行控制、安全检测检验、灾害与事故调查分析与预测预警、安全评估认证等方面的安全技术理论及其实施方法体系。

刘潜教授提出，安全科学技术体系横向划分的四个台阶是：哲学层次是马克思主义安全哲学，即安全观；基础科学层次是安全学；技术科学层次是安全工程学；工程技术层次是安全工程。这四个台阶，既有从安全哲学到安全工作方向的实践认识，又有从安全工作到安全哲学方向的理论升华。

安全工作表明了作为安全主体的人，在具体的安全实践中应做什么；安全工程是指导人在具体的安全实践中应该怎样做，包括实现安全的方法、手段和措施；安全工程学是论证在具体的安全实践中为什么要这样做，提出安全技术和安全卫生的工作原理；安全学是揭示为什么这样做的规律，反映客观世界的规律性；安全哲学是对安全主体在具体的安全实践中为什么这样做的规律的本质认识，体现了客观世界的本质并由此概括出一套科学的思想方法，形成一种科学的思路。因此，从安全工作、安全工程到安全技术原理，然后再上升到安全科学基础理论，最后通过安全观升华为安全哲学思想，体现了安全科学的学科理论从具体的感性认识到抽象的理性认识这样一种思维模式。

安全科学综合理论可以分为两个层次来表述，一个是科学理论的顶层结构，另一个是科学理论的支撑结构。安全科学理论的顶层结构由安全学和安全系统学构成，支撑结构由灾害学、社会安全学、安全工程学构成。安全科学综合理论体系的构架如图 1-1 所示。

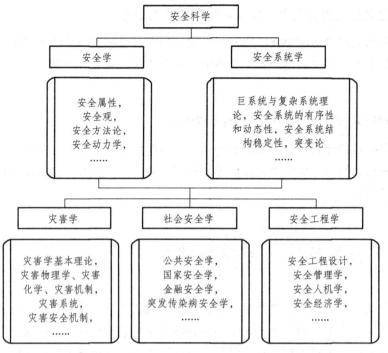

图 1-1　安全科学综合理论体系的构架示意图

1.4　安全科学的基本术语

安全生产的名词术语是安全生产工作和安全科学研究的重要基础，是安全科技交流和传播的载体。

1993 年，国际劳工组织（ILO）职业安全卫生情报中心（International Occupational Safety and Health Information Centre, CIS）出版了《职业安全卫生术语》，规范了职业安全卫生专业术语 2 600 条。国际标准化组织、国际电工委员会、欧盟委员会等也相继颁布了一系列与安全有关的术语标准。Willie Hammer 等出版的《职业安全管理与工程》（第五版）（Occupational Safety Management and Engineering, Fifth Edition）共辑录了 1 915 个专业术语，涵盖了安全管理的 25 个主题。

1985 年，我国国务院成立了全国科学技术名词审定委员会，至今已按学科建立了 71 个分委员会，审定公布了 75 种科技名词。1987 年 3 月，原国家劳动部组织开展了《安全科学技术词典》的编撰工作，此项工作组织了 75 名专家，历时 4 年半，于 1991 年 12 月正式出版。该《词典》共收录常用词条 2 945 个，分安全管理、工厂安全、矿山安全、劳动卫生工程和锅炉压力容器安全五个部分。

我国于 1994 年颁布了《职业安全卫生术语（GB/T 15236—1994）》，规定了 37 个专业术语。我国 2008 年颁布了修订版《职业安全卫生术语（GB/T 15236—2008）》(现行)，将术语扩大到 71 个，分为一般术语、事故及其相关主题、测试与评估、应急与防护措施、职业医学与职业病、工作条件与人机工程 6 个主题。我国于 2013 年颁布《机械安全术语（GB/T 30174

—2013)》(现行)，列出基础术语 51 条，安全参数术语 20 条，安全卫生术语 20 条。于 2017 年颁布《电气安全术语（GB/T 4776—2017)》(现行)，列出安全概念 65 条，安全要素 40 条，安全措施 21 条，保护装备及器件 14 条。

我国有关行业部门也开展了与安全相关的名词术语的规范工作。1983 年，航空工业部组织 74 个单位编撰了《航空工业科技词典》，共收录词目 13 大类 7 000 余条，其中收录了一部分航空领域的安全术语。汪旭光院士等专家于 2005 年编撰了《工程爆破名词术语》，共收录词目 10 大类 3 150 条。2011 年，周明鑑、魏向清主持修订了《综合英汉科技大词典》，收录了 51 个学科，共收词目 21 万余条，其中包括了部分安全相关名词解释。

2007 年，刘潜、闻洪春等整理了有关安全科学的主题词 374 个，其中"安全××"主题词 140 个，"××安全"主题词 96 个，"××安全科学类"主题词 9 个，其他主题词 115 个，非"××安全科学类"其他主题词 6 个，未包括在《中国分类主题词表》的有 17 个。

目前应用的主要的安全科学术语如下：

◆ 劳动安全（Labour Safety）

劳动安全是指劳动者在劳动过程中的安全，包括防止触电、机械伤害、坠落、塌陷、爆炸、火灾等危及劳动者人身安全事故发生的措施。广义的劳动安全包括劳动安全与卫生。

◆ 劳动保护（Labor Protection）

劳动保护是指保护劳动者在劳动过程中的安全与健康的活动和措施。包括法律法规、标准、技术、设备、制度和教育等。该名词源自苏联等社会主义国家。其基本内容包括：劳动保护的立法和监察，工作时间与休假制度，女职工和未成年职工的特殊保护，劳动保护的管理与宣传，劳动安全技术与工程，劳动卫生技术与工程，伤亡事故的调查、分析、统计报告和处理等。

"劳动保护"和"安全生产"既有联系又有区别。在对象方面，劳动保护针对劳动者，安全生产包括人民群众生命和财产安全。在我国现阶段的政府管理方面，工作时间、女职工和未成年职工保护等属于人力资源和社会保障部门的职责。

◆ 安全工程（Safety Engineering）

安全工程是指为保证生产过程中人身与设备安全的系列工程的总称。安全工程是跨门类、多学科的综合性科学技术，主要包括伤亡事故预防预测技术、安全检测检验技术、应急救援技术、安全管理工程等。

◆ 海因里希法则（Heinrich Law）

海因里希法则是指事故与伤害程度之间存在着必要性和偶然性的关系法则。反复发生的同一类事故遵守下述比率关系：无伤害 300 次，轻伤 29 次，重伤 1 次，即"1:29:300 法则"。

◆ 危险（Hazard）

危险是指不安全，有遭到损害或失败的可能。安全生产领域的危险是指造成人员伤亡或财产损失的状态。

危险可划分为自然危险、技术危险、生物危险和政治危险等多类。

◆ 危险源（Hazard）

危险源是指可能导致伤害或疾病、财产损失、工作环境破坏或这些情况组合的根源或状态。按事故能量学说，事故是能量或危险物质的意外释放，危险的根源是存在破坏性能量或危险物质。

◆ 重大危险源（Major Hazard Installations）

重大危险源是指长期地或临时地生产、加工、搬运、使用或贮存危险物质，且危险物质的数量等于或超过临界量的单元（危险场所和设施）。（摘自《安全生产法》）

◆ 事故隐患（Hidden Danger of Accident）

事故隐患是指违反安全生产法律、法规、规章、标准、规程和安全生产管理制度的规定，或者因其他因素在生产经营活动中存在的可能导致事故发生的物的危险状态、人的不安全行为和管理上的缺陷。

事故隐患与危险源的区别是：危险源是客观存在的危险物质或破坏性能量，是可量化和测量的；事故隐患既有客观存在的，也有主观上的因素（人的因素），既有可测量的隐患又有不可测量的隐患和难以发现的隐患。一个危险源可以存在多个隐患。工业生产中的事故隐患来源于对危险源的失控。

◆ 危险物质（Dangerous Substances）

危险物质是指容易引起爆炸、燃烧、中毒、致癌、致敏、腐蚀性或有放射性以及对环境有危害的有害物质。

与"危险物质"相关的名词术语有"危险物品""危险货物""危险化学品"等。危险物品是指易燃易爆物品、危险化学品、放射性物品等能危及人身安全和财产安全的物品。危险化学品是指具有爆炸、燃烧、助燃、毒害、腐蚀等性质，或具有健康、环境危害，对接触的人员、设施、环境可能造成伤害或者损害的化学品。危险货物是指具有爆炸性、易燃性、毒性、放射性、腐蚀性或者以某种其他方式对人员、动物或环境造成损害的物质和物品；其中的环境包括在运输中的其他货物、车辆、建筑物、土壤、公路、空气、水路和自然界。倒空的容器和包装材料由于可能残留某些盛装过的危险化学品物质或产品，也应视为危险货物。

◆ 危险等级（Risk Rating）

危险等级是指依据危险发生的可能性及其后果严重程度将危险状况划分为若干级别。

危险等级的确定方法有相对定级方法（如根据过去的经验，指定数值进行等级划分，或是使用安全系数）和基于统计的概率定级方法。

◆ 重大事故隐患（Major Hidden Danger of Accident）

重大事故隐患是指危害和整改难度较大，应当全部或者局部停产、停业，并经过一定时间整改、治理方能排除的隐患，或者因外部因素影响致使生产经营单位自身难以排除的隐患。

◆ 风险（Risk）

风险是指某个危害性事件发生的可能性与其引起的伤害的严重程度的结合。按风险来源，风险可分为自然风险、社会风险、经济风险、技术风险和健康风险五类。

◆ 安全标志（Safety Sign）

安全标志是指在容易产生错误或有可能发生事故危险的场所，为了保障安全所采用的一种标志。由安全色、几何图形和图形符号构成，是用以表达特定安全信息的特殊标志。安全标志分为禁止标志、警告标志、指令标志、提示标志。

"安全标志"又称为"安全警示标志"。

◆ 安全标准（Safety Standard）

安全标准是指以保护人和物的安全为目的制定的准则和依据。安全生产标准是指在生产经营活动中，为保障人民群众的生命和财产安全，改善劳动条件和生产设备设施的安全水平，规范生产作业行为，实现安全生产和作业的准则和依据。

"标准"是对重复事物和概念所做的统一规定，它以科学、技术和实验的综合成果为基础，经有关方面协商一致，由主管机构批准，以特定形式发布，作为共同遵守的准则和依据。

◆ 安全操作规程（Safety Operation Rule）

安全操作规程是指工人操作机器设备和调整仪器仪表时必须遵守的程序和注意事项。

"安全操作规程"简称"安全规程"，是我国企业建立的安全卫生规章制度的重要组成部分。安全操作规程的主要内容包括：操作步骤和程序，安全技术知识和注意事项，个人防护用品的使用方法，预防事故发生的紧急措施，设备维修保养技术的要求及注意事项等。

◆ 安全生产责任制（Safety Production Responsibility System）

安全生产责任制是指政府、行业、中介组织、社会团体和企业主要负责人应担负的安全生产责任，其他各级管理人员、技术人员和各职能部门应担负的安全生产责任以及各岗位操作人员应担负的本岗位安全生产责任所构成的全员安全生产制度。

"安全生产责任制度"或"安全生产责任制"简称"安全责任制"。我国实施安全生产责任追究制度。

◆ 事故（Accident）

事故是指造成死亡、疾病、伤害、损坏或其他损失的意外事件。

按事故对象可将事故划分为"设备事故""人身伤亡事故""自然灾害事故"等。按事故责任范围可将事故划分为"责任事故"和"非责任事故"。依据事故管理的目的也可将事故划分为其他不同类别的事故。

◆ 责任事故（Liability Accident）

责任事故是指由于设计、施工、操作或管理过失所导致的事故。

◆ 非责任事故（Non-liability Accident）

非责任事故是指由于自然灾害或其他原因所导致的非人力所能预防的事故。

◆ 应急管理机制（Emergency Response Mechanism）

机制，是指复杂系统结构的各个组成部分相互联系、相互制约、相互作用的功能和方式，以及通过它们之间的有序作用而实现整体目标、发挥整体功能的规律性运行方式。应急管理机制是指行政管理组织体系在突发事件过程中有效运转的机理和制度，或者说是指在突发事件的预防与应急准备、监测与报警、处理与救援、事后恢复与重建等应急实践中形成的规律性模式。

1.5 我国安全观的进步和发展

◆ 从"宿命论"到"本质论"

过去我国曾普遍存在"安全相对，事故绝对""安全事故不可防范，不以人的意志转移"的认识，即存在生产安全事故"宿命论"的观念。随着安全生产科学技术的发展和对事故规律的认识，人们已逐步建立了"事故可预防，人祸本可防"的观念。实践证明，如果做到"消除事故隐患，实现本质安全化，科学管理，依法监管，提高全民安全素质"，安全事故是可以预防的。

◆ 从"就事论事"到"系统防范"

我国在 20 世纪 80 年代中期从发达国家引入了"安全系统工程"的理论，通过近几十年的实践，在安全生产领域，"系统防范"的概念已深入人心，这表明，我国的安全生产领域已从"无能为力，听天由命""就事论事，亡羊补牢"的传统观念逐步转变为现代的"系统防范，综合对策"的科学观。在我国的安全生产实践中，政府的"综合监管"、全社会的"综合对策和系统工程"、企业的"管理体系"无不表现出"系统防范"的思想策略。

◆ 从"安全常识"到"安全科学"

最初人们把安全仅作为一种常识，但随着工业化发展的需要，安全被作为一门科学来研究。社会大众层面的"安全科普"和"安全文化"，都是安全科学发展进步的具体体现。

◆ 从"劳动保护工作"到"现代职业安全健康管理体系"

中华人民共和国成立以来的很长一段时期，我国是以"劳动保护"为目的的安全工作模式。随着改革开放的进程，在国际潮流的影响下，我国引进了"职业安全健康管理体系"论证的做法，这使我国的安全生产、劳动保护、劳动安全、职业卫生、工业安全等得到了综合协调发展。安全生产科学管理体系的社会保障机制逐步得到推广和普及。

◆ 从"事后处理"到"安全生产长效机制"

近几十年来，我国已逐步完善了事故调查、责任追究、工伤鉴定、事故报告、工伤处理等"事后管理"工作的相关政策和制度。随着安全生产技术的发展和进步，预防为主、科学管理、综合对策的长效机制正在发展和建立过程之中。这种工作重点和目标的转移，将为提高中国的安全生产保障水平发挥重要作用。

习题与思考题

1. 什么是安全？安全有哪些特征？
2. 请解释风险、事故、海因里希法则。
3. 我国安全观经历了怎样的发展与变化？

第 2 章 安全科学基础知识

2.1 安全科学的哲学基础

◆ 宿命论与被动型安全哲学

这种认识论和方法论表现为：对于事故和灾害听天由命，无能为力。认为命运是上天的安排，神灵是人类的主宰。事故对生命残酷践踏，自然和人为的灾难和事故只能被动承受，人类生活质量无从谈起，生命与健康的价值被抹杀，这是一种落后愚昧的观念。

◆ 经验论与事后型安全哲学

随着生产方式的变更，人类从农牧业社会进入到早期工业化社会（蒸汽机时代）。由于事故与灾害类型的复杂多样和事故严重性的扩大，人类进入了经验论阶段。在哲学上反映出来是：建立在对事故与灾难的经历基础上来认识人类安全，有了与事故抗争的意识，学会了"亡羊补牢"的手段，是一种头痛医头、脚痛医脚的对策。例如，事故发生后事故原因不明、当事人未受到教育、措施不落实、责任人未受到处罚的"四不放过"原则；事故统计学的致因理论研究，事后整改对策的完善，管理体制中的事故赔偿与事故保险制度等。

◆ 系统论与综合型安全哲学

建立了事故系统的综合性认识，认识到"人—机—环境—管理"是事故的综合要素，主张采用工程技术硬手段与教育和管理软手段的综合措施。其具体思想和方法有：全面的安全管理思想；安全检查与生产技术统一原则；采用安全性人机设计；推行系统安全工程，企业、国家、工会、个人综合负责的制度；生产与安全的管理中要求"同时计划、部署、实施、检查、总结"的"五同时"原则；企业采用各级领导在安全生产方面向上级、职工、自己"三负责"制；安全生产中要查思想认识、查规章制度、查管理落实、查设备和环境隐患，进行定期和非定期检查相结合，普查与专查相结合，自查、互查、抽查相结合，生产企业岗位每天查、班组和车间每周查、工厂每季查、公司年年查，定目标、定标准、定指标，科学定性与定量相结合等安全检查系统工程。

◆ 本质论与预防型安全哲学

进入信息化时代以后，随着高科技技术的不断应用，人类在安全认识论上有了本质安全化的认识，在方法论上开始主张安全的超前、主动。具体表现为：从人与机器和环境的本质安全入手，人的本质安全不但要从人的知识、技能、意识素质入手，而且还要从人的观念、态度、伦理、认知、情感、品德等人文素质入手，从而提出安全文化的思路。物和环境的本质安全就是采用先进的安全科学技术，推广自组织、自适应、自动控制与闭锁的安全技术，研究"人—物—能量—信息"的安全系统论、安全控制论和安全信息论等现代工业安全原理。技术项目中要遵循安全措施与技术设施同时设计、施工、投产的"三同时"原则。企业在考核经济发展、进行机制转换和技术改造时，遵循安全生产要同时规划、发展、实施"三同步"原则；要求进行"不伤害他人、不伤害自己、不被他人伤害和保护他人不被伤害"的"四不伤害"活动，"整理、整顿、清扫、清洁、素养"的"5S"活动，生产现场的工具、设备、材料、工件等物流与现场工人流动的定置管理，对生产现场的"危险点、危害点、事故多发点"的"三点控制工程"等超前预防型安全活动；推行安全目标管理、无隐患管理、安全经济分析、危险预知活动、事故判定技术等安全系统工程方法。

◆ "预防为主"是安全哲学思想的体现

"隐患险于明火"就是预防事故、保障安全生产的认识论，隐患是相对于明火更加危险的因素。而在隐患中，思想上的隐患是最可怕的。因此，实现安全生产的最为关键、最为重要的对策是：实施从隐患入手，积极、自觉、主动地实施消除隐患的战略思想。

"防范胜于救灾"就是说，在预防事故、保障安全生产的方法论上，事前预防及防范方法胜于和优于事后的被动救灾的方法。因此，在安全生产管理中，"预防为主"是保证安全生产最明智、最根本、最重要的安全哲学方法论。

"防范胜于救灾"的哲学论断为我国安全生产和消防安全方针提供了坚实的理论基础。这一理论基础可以这样来说明："安全第一，预防为主"一直是我国安全生产的基本方针，对于消防也是以"预防"为主题的，故有"预防为主，防消结合"的方针。

2.2 安全科学的理论基础

2.2.1 认识论

以安全系统作为研究对象，建立了"人—物—能量—信息"的安全系统要素体系，提出系统自组织的思路，确立了系统本质安全的目标。通过对安全系统论、安全控制论、安全信息论、安全协调学、安全行为科学、安全环境学、安全文化建设等科学理论的研究，提出了在本质安全化认识论的基础上全面、系统、综合地发展安全科学的理论。

2.2.2 理论系统

安全原理的理论系统还在发展和完善之中，目前已有的初步体系有：安全的哲学原理，从历史学和思维学的角度研究实现人类安全生产和安全生存的认识论和方法论。例如有了这样的归纳：远古人类的安全认识论是宿命论，方法论是被动承受型的；近代人类的安全认识提高到了经验的水平；现代随着工业社会的发展和技术的进步，人类的安全认识论进入了系统论阶段，从而在方法论上能够推行安全生产与安全生活的综合型对策，甚至能够超前预防。有了正确的安全哲学思想的指导，人类现代生产与生活的安全才能获得高水平的保障。

◆ 安全系统论理论

从安全系统的动态特性出发，研究人、社会、环境、技术、经济等因素构成的安全大协调系统，建立生命保障、健康、财产安全、环保、信誉的目标体系。在认识了事故系统"人—机—环境—管理"四要素的基础上，更强调从建设安全系统的角度出发，认识安全系统的要素：① 人，即人的安全素质（心理与生理，安全能力，文化素质）；② 物，即设备与环境的安全可靠性（设计安全性，制造安全性，使用安全性）；③ 能量，即生产过程能量的安全作用（能量的有效控制）；④ 信息，即充分可靠的安全信息流（管理效能的充分发挥）是安全的基础保障。从安全系统的角度来认识安全原理更具有理性的意义，更具科学性原则。

◆ 安全控制论理论

安全控制是最终实现人类安全生产和安全生存的根本措施。安全控制论提出了有效的控制原则。安全控制论要求从本质上来认识事故（而不是从形式或后果），即事故的本质是能量不正常转移，由此推出了高效实现安全系统的方法和对策。

◆ 安全信息论理论

安全信息是安全活动所依赖的资源。安全信息理论研究安全信息的定义、类型，研究安全信息的获取、处理、存储、传输等技术。安全经济学原理：从安全经济学的角度，研究安全的"减损效益"（减少人员伤亡、职业病负担、事故经济损失、环境危害等），研究安全的增值效益，即研究安全的"贡献率"，用安全经济学理论指导安全系统的优化。

◆ 安全管理学理论

安全管理最基本的原理首先是管理组织学原理，即安全组织机构合理设置、安全机构职能的科学分工、安全管理体制协调高效、管理能力自组织发展、安全决策和事故预防决策的有效和高效。其次是专业人员保障系统的原理，即遵循专业人员的资格保证机制：通过发展学历教育和设置安全工程师职称系列的单列，对安全专业人员提出具体严格的任职要求；建立兼职人员网络系统，企业内部从上到下（班组）设置全面、系统、有效的安全管理组织网络等。再次是投资保障机制，研究安全投资结构的关系，正确认识预防性投入与事后整改投入的关系，研究和掌握安全措施投资政策和立法，遵照"谁需要，谁受益，谁投资"的原则；建立国家、企业、个人协调的投资保障系统等。

◆ 安全工程技术理论

随着技术和环境的不同，发展与之相适应的硬技术原理、机电安全原理、防火原理、防爆原理、防毒原理等。

目前还在发展中的安全理论还有：安全仿真理论、安全专家系统、系统灾变理论、本质安全化理论、安全文化理论等。

2.2.3　方法与特征

对自组织思想和本质安全化的认识，要求从系统的本质入手，要求掌握主动、协调、综合、全面的方法论。具体表现为：从人与机器和环境的本质安全入手，人的本质安全是指不但要解决人的知识、技能、意识素质，还要从人的观念、伦理、情感、态度、认知、品德等人文素质入手，从而提出安全文化建设的思路；物和环境的本质安全化就是要采用先进的安全科学技术，推广自组织、自适应、自动控制与闭锁的安全技术；研究人、物、能量、信息的安全系统论、安全控制论和安全信息论等现代工业安全原理；技术工程项目中要遵循安全设施与主体工程同时设计、施工、投产和使用的"三同时"原则；企业在考虑经济发展、进行机制转换和技术改造时，安全生产方面要同时规划、发展、同时实施，即所谓"三同步"原则；还有"三点控制工程""定置管理""四全管理""三治工程"等超前预防型安全活动；推行安全目标管理、无隐患管理、安全经济分析、危险预知活动、事故判定技术等安全系统科学方法。

追溯人类的进化史，我们可以看到，安全是人类演化的"生命线"，这条"生命线"为人类正常可靠地进化铺垫了安全的轨道，稳固了人类进化的基础，保障了人类进化的进程。再看人类今天的生存状态，安全是人们生活依赖的保护绳，这条保护绳维系着生灵的生命安全与健康，稳定着社会的安定与和平。安全成为现代人类生活中最基本的且最重要的需要之一。而再观人类的发展史，安全是人类社会发展的"促进力"，这种力量推动人类文明的进程，创造美好和谐的世界。因此，可以不夸张地说：人类的进化、生存和发展都与安全密切相关，不可分割。从生产到生活，从家庭到社会，从过去到现在，从现在到将来，整个时空世界，无时无处不在呼唤着安全。安全永远伴随着人类的演化和发展，安全是人类历史永恒的话题。

习题与思考题

1. 请阐述不同安全观的哲学基础。
2. 请阐述安全科学的理论基础。

第3章 安全社会原理

3.1 安全文化与企业安全文化

3.1.1 安全文化的定义及发展历程

核电站是一种危险性很高的大规模复杂系统,核电站的安全问题一直受到全世界的注目。1979年美国三哩岛核电站事故、1986年苏联切尔诺贝利核电站事故、2012年日本福岛核电站事故均造成了严重的后果。在对核电站事故原因的调查中发现,事故的发生往往是由于人的不安全行为或人的失误造成的。为了防止发生核电站事故,在核电站的选址、设计、建造、调试、运行、维护、人员的培训以及所有相关活动的各阶段都必须加强安全管理。这促使人们开始关注安全文化。

3.1.1.1 安全文化的定义

文化是一种客观存在,文化是人类改造世界的成果,是人类社会进步与发展的状态,是人类群体带有传统、时代和地域特点的、明显的或隐含的处理问题的方式和机制,是一个组织长期生存和发展中逐渐形成的组织成员共同一致的基本信念、价值观和行为习惯。文化有广义和狭义之分,广义的文化是指人类在历史事件活动中创造的物质财富与精神财富的总和,狭义的文化是指意识形态及与之相适应的制度、组织机构等。文化是管理之魂,不同的文化造就了不同的管理模式,产生了不同的管理理论。安全文化是人类文化的组成部分。

安全文化的概念起源于20世纪80年代的国际核工业领域。1986年国际原子能机构召开"切尔诺贝利核电站事故后评审会",让人们认识到"核安全文化"对核工业事故的影响。1991年该机构在编写的"75-IN-SAG-4"评审报告中首次定义了安全文化的概念:"安全文化是存在于单位和个人中的种种素质和态度的总和"。西南交通大学曹琦教授在分析了企业各层次人员的本质安全素质结构的基础上,提出了安全文化的定义:安全文化是安全价值观和安全行为准则的总和。上述这类定义主要是从狭义的人文素质和价值观的角度来界定安全文化。

英国保健安全委员会核设施安全咨询委员会(HSCACSNI)认为,上述有关安全文化的定义是一个理想化概念,且没有强调能力和精通等必要成分,提出了修正的定义:"一个单位的安全文化是个人和集体的价值观、态度、想法、能力和行为方式的综合产物,它决定于安全管理上的承诺、工作作风和精通程度"。具有良好安全文化的单位有如下特征:相互信任基础上的信息交流,共享安全的重要思路,对预防措施效能的信任。同样以广义的角度定义安全文化的有国内学者徐德署,他认为,安全文化是在人类生存、繁衍和发展历程中,在其从事生产、生活的一切领域内，为保障人类身心安全（含健康）并使其能安全、舒适、高效地从事一切活动，预防、避免、控制和消除意外事故和灾害（自然的、人为的），为建立起安全、可靠、和谐、协调的环境和匹配运行的安全体系，为使人类变得更加安全、康乐、长寿，使世界变得友爱、和平、繁荣而创造的物质财富和精神财富的总和。罗云认为，安全文化是人类安全活动所创造的安全生产、安全生活的精神、观念、行为与物态的总和。

上述定义从内涵来看，其不同点在于广泛的安全文化定义既包括了安全物质层面又包括了安全精神层面，狭义的安全文化定义主要强调精神层面；从外延来看，其不同点在于，广义的安全文化定义既涵盖企业，还涵盖公共社会、家庭、大众等领域。

综合学者们的定义，本书采用广义的定义，即安全文化是指在人类生产和生活中对生命、健康及其保障方面的物质形态和行为观念、精神财富的总和。

根据活动领域不同，安全文化可分为企业安全文化、社区安全文化、居家安全文化等；根据活动的主体不同，安全文化可以分为大众安全文化、青少年安全文化、中老年人安全文化等；根据人们的活动目的不同，安全文化可分为休闲保健安全文化、城市减灾安全文化等。

3.1.1.2　人类安全文化的发展历程

安全文化被认为是一个标志着划时代意义的概念，是通过对组织问题更加清晰的理论认识来建立一个更加有效的文化改进的理论依据。虽然安全文化概念的提出和明确的定义是20世纪末的事情，但是安全文化是随着人类的生存和发展而产生的，并随之不断得到创新、继承和发展。安全文化存在于人类文化宝库中，它不以人的主观意志为转移，是一种客观存在，是人类在生产、生活和生存的实践活动中，由人类集体的智慧和力量以及科学技术的进步凝聚而成的。因此，安全文化的形成历史伴随着人类的生存与发展，人类的安全文化可分为四大发展阶段（如表3-1所示）。

表 3-1　人类安全文化的发展阶段

安全文化的发展时期	行为特征	观念特征
古代安全文化	宿命论	被动承受型
近代安全文化	经验论	事后型，亡羊补牢
现代安全文化	系统论	综合型，人、机、环境对策
发展的安全文化	本质论	超前、预防型

17世纪前，人类的安全观念是宿命论，行为特征是被动承受型，这是古代人类安全文化的特征。

17世纪末期至20世纪初，人类的安全观念提高到经验论水平，行为方式有了"事后弥补"的特征，这种由被动的行为方式变为主动的行为方式，由无意识变为有意识的安全观念，不能不说是一种进步。

20世纪50年代，随着工业社会的发展和技术的进步，人类的安全认识论进入到系统论阶段，从而在方法论上能够推行安全生产与安全生活的综合型对策，进入了近代的安全文化阶段。

20 世纪 50 年代以来，随着人类对高新技术的不断应用，如宇航技术的应用、核技术的应用、信息化社会的出现，人类的安全文化从认识论进入到本质论阶段。超前预防型成为现代安全文化的主要特征，这种高新技术领域的安全思想和方法论推进了传统产业和技术领域的安全手段和对策的进步。

2015 年，国家安全生产监管总局(现国家应急管理局)宣教中心安全文化研究所所长董成文同志指出：安全文化是人类在生产生活过程中形成的，保护人生命和健康的且被广泛认同和共享的安全理念、安全制度、安全行为和安全环境的总称。其核心要求是保护人的生命和健康，即以人为本；其特征是安全文化内容能被人们广泛认同，只有认同并参与进来，其成果才能被人们共同享受；其构成要素是安全理念、安全制度、安全环境、安全行为。也就是说，企业安全文化建设不是安全管理加上文化活动，而是在正确的安全文化理念的引领下，在安全制度文化、安全环境文化的保障下，最终形成安全行为文化的系统工程。

3.1.2 安全文化的结构化特征

安全文化是企业、组织和人群对安全的追求、理念、道德准则和行为规范。广义的安全文化内容包含物质层面和精神层面，从结构上可以分为四个层次，即物质文化、制度文化、行为文化、精神文化，如图 3-1 所示。最表层显而易见是指安全标志、口号、宣传信息等；第二层是行为文化，是每个岗位人员所表现出来的行为方式，并且是带有群体特色的行为方式；第三层属于制度文化，是企业发布的各种安全规章、制度、规程、工作指引等；最里面的核心层是观念，是在员工头脑中形成的安全共识，是企业安全目标和各项规程在员工心目中的认识、认可程度。

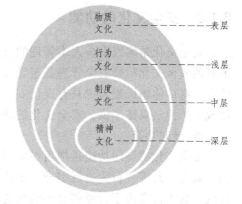

图 3-1 安全文化的层次

◆ 物质文化

物质文化体现着人类文明，它是安全文化发展的物质基础，也是安全文化发展历史和水平的标志。例如，不同时代的器物能代表不同时代的安全文化水平，通常又被称为安全器物层次。安全器物包括人类为了生活、生产的需要而制造并使用的各种安全防护工具、器具和物品。从古代人类寻食护身的石器、铜器，到现代各种安全防护器材、装置设施、仪器仪表、安全装备用品等，均属于安全文化的物质层次的体现。安全物质文化往往能体现出组织或企业领导对安全地认识和态度，反映出企业安全管理的理念和哲学，折射出安全行为文化的成效。所以说，物质是文化的体现，也是文化发展的基础。

◆ 行为文化

行为文化是人们在生活和生产过程中的安全行为准则、思维方式、行为模式的表现，并且是带有群体特色的行为方式。在工作过程中体现为合理的安全操作、对安全规范的执行等。

◆ 制度文化

制度文化体现为组织发布的各种安全规章制度、安全管理机制、安全规程标准与安全行为规范等，包括劳动保护、劳动安全与卫生、交通安全、消防安全、环保、防灾减灾等方面的一切社会组织形式和制度。与安全有关的社会制度、法律制度、政策体制、经济体制以及教育科学体制，直至各种生产行业、各个社会的组织形式等，均属于安全文化的制度层次。可以将制度文化归纳为两个方面，即标准化与规范体系和奖罚制度体系。标准化与规范体系提供了对行为及行为结果的指导与评价依据，揭示了安全实践活动的基本目标是满足既定的需要或期望。奖罚制度体系体现为对行为方式的激励与导向作用。奖罚制度体系对安全文化的影响力依赖于三个方面，即公正性、执行的及时性和体系的健全性。

　　◆ 精神文化

精神文化是在员工中形成的安全共识，是组织的安全意识、安全理念、安全价值标准在成员心目中的认识、认可程度，又被称作心态文化、观念文化。这一层次的安全文化包括安全哲学思想和信仰、安全美学以及安全文学艺术、安全科学技术以及自然科学、社会科学在安全科学或安全管理方面的理论总和。从本质上看，安全文化的精神层次是人关于安全的思想、情感和意志的综合表现，它是人对外部客观世界和自身内心世界的认识能力与辨识结果的综合体现，是安全文化的核心和灵魂，是形成和提高安全行为文化、制度文化和物态文化的基础和原因。在企业主要表现为安全价值观、安全作风和态度、安全心理素质、安全氛围和进取精神等。

3.1.3　安全文化的功能

　　安全文化是实现安全人本管理的灵魂，好的安全文化有利于安全管理，有利于事故预防；不好的安全文化阻碍安全管理甚至导致其失灵，容易造成安全事故。因此，安全文化的功能就在于将全体国民塑造成具有现代安全观念、遵守安全规章制度的人，在企业将安全文化转化成生产力。具体来说，安全文化的功能主要体现在以下几个方面：

　　◆ 导向功能

安全文化的导向功能是把组织成员的行为动机引到组织目标上来，对全体成员的安全意识、观念、态度、行为进行引导。企业的安全生产决策是在一定的观念指导和文化气氛下进行的，它不仅取决于企业领导层的观念和作风，而且还取决于整个企业的精神面貌和文化氛围。完善的安全生产规章制度和严格的约束机制，统一的安全生产理念、认识和规范的行为，可为企业安全生产决策提供正确的指导思想和健康的精神氛围，会引导企业员工齐心协力、步调一致地共同实现企业的安全生产奋斗目标，实现生产经营向健康、正常的方向发展。

　　◆ 规范功能

规章制度构成组织成员的"硬约束"，而组织道德、组织风气则构成组织成员的"软约束"。无论是"硬约束"还是"软约束"，都是以群体价值观作为基础的。一旦共同信念在组织成员的心里形成一种定势，构造出一种响应机制，则外部诱导信号发生时即可得到积极的响应，并迅速转化为预期的行为，从而形成自觉规范自我、约束自我的局面。这种有效的"软约束"可削弱员工群体对"硬约束"的心理反感，削弱其心理抵抗力，从而规范企业环境设施状况和员工群体的思想、行为。安全规章制度、法律法规、理论方法等是培育安全文化的重要环节，能对企业员工杂乱无章的个人行为进行有序的规范和约束，消除不安全的行为方式、端正工作态度、改进操作方式等，并实现自我控制、自我规范的目的。

　　◆ 激励功能

积极向上的思想观念和行为准则，可以形成强烈的使命感和持久的驱动力。安全文化的激励功能就是通过观念文化和行为文化的建设来激励每个人践行安全行为的自觉性。组织内共同的价值观、信念、行为准则又是一种强大的精神力量，它能使员工产生认同感、归属感、安全感，起到相互激励的作用。"以人为本"的安全文化理念的形成，对那些不重视、漠视生命的行为造成了强大的舆论压力与约束，这种激励功能对企业物质文化的丰富起着重要的作用。

◆ 凝聚功能

组织起来的集体具有比分散个体大得多的力量，但是集体力量的大小又取决于该组织的凝聚力，取决于该组织内部的协调状况及控制能力。组织的凝聚力、协调和控制能力可以通过制度、纪律等刚性约束产生。但制度、纪律不可能面面俱到，而且难以适应复杂多变及个人作业的管理要求，而积极向上的共同价值观、信念、行为准则是一种内部黏结剂，是人们意识的一部分，可以使员工自觉地行动，达到自我控制和自我协调的目的。文化的渗透性和联系性会以不同的方式表现出来，从而成为凝聚成员的中间要素，把组织成员群体的价值观念、心理情感融合为一体，为追求共同的利益目标形成合力，让员工自觉产生为企业安全生产尽心尽力的责任感。

◆ 辐射功能

安全文化要解决人的基本素质，必然要对全社会和全民的参与提出要求。因为人的深层次的、基本的安全素质需要从小培养，全民的安全素质需要全社会的努力。实施人类安全对策，实现人类生产、生活、生存的安全目标，必须是全社会、全民族的发动和参与。因此，现代安全文化建设需要"大安全观"的思想。

良好的安全文化可以使组织的安全环境长期处于相对稳定状态，使员工的思想素质、贡献意识、敬业精神、专业技能等方面得到提高，同时也会带动与安全管理相适应的经营管理、科技创新、敬业精神、专业技能等中心工作的平衡与发展，对提升组织形象和综合实力都是有利的。一个企业一旦形成了良好的安全文化理念，会具有代代相传的功能，使新员工接受这些文化理念的熏陶和教育，自觉遵从安全行为准则；同时，一些企业的安全文化建设的经验和做法，以自己独特的方式，以点带面向周围辐射，影响到其他企业或行业和地区，这就是安全文化的辐射功能。

◆ 调适功能

在安全文化的建设中，组织可以通过形式多样的活动，沟通信息、思想，传递情感，统一认识，创造良好的心理环境，增强员工群体的自我承受力、适应性和应变能力，消除心理冲突，化解人际关系的矛盾。同时，为员工群体创造优雅、舒适的环境，净化其心灵，让员工群体在轻松愉快的工作环境中感受企业大家庭的温暖，激发其劳动热情，自觉创造和寻求融洽和谐的生产关系，使企业生产经营充满生机、活力。

3.1.4 安全文化与安全管理、安全科学的关系

3.1.4.1 安全文化与安全科学的关系

安全文化是安全科学创建和发展的基础，而安全科学是安全文化的特殊形式，是安全文化在某种程度上的结晶。安全科学学科的建设正是安全文化丰富和繁荣的过程。安全文化是安全科学技术的母体，只有人民的安全文化素质达到了相当高的水平，才能使安全科学技术被公众普遍接受并采用，安全科学技术才能得到发展。

学科的诞生标志着学科自身发展的理论知识体系基本成熟，而学科建设则标志着学科发展、完善的过程。安全科学的完善和发展，除自身发展的内在动力外，更需要得到全社会、全民和政府的理解和支持。正因为安全无时不在、无处不有、极度平凡，因而常常被人们忽视，直到出现灾害伤亡时，才悟出"安全第一""人命关天"的含义。如果大众的安全意识处在被动和低下水平，行为和心理并未用安全规范来制约，这就不利于安全科学的发展，甚至还会产生阻碍作用。怎样才能改变这种忽视安全的国民意识和社会习俗呢？

只有大力倡导和弘扬安全文化，提高全民的安全文化素质，使大众都建立科学的安全观和价值观。当人们的安全观、意识和思维真正提高时，才会珍惜生命，善待人生，才懂得自觉地用言行来保护自己的身心安全与健康。

通过安全文化知识的宣传和教育，来改变人们已有的安全人生观和价值观，建立科学的思维方法，形成自我约束的安全习俗和规范，让大众懂得安全的价值和生命的意义，把安全文化知识水平及安全意识提高到相当的高度。当人民对安全科学的认识和需要显示出无比渴望和热衷追求的积极性时，安全才真正有了保障。对全民、全社会安全知识的传播和安全急救逃生的教育，应从中小学生抓起，用安全文化影响未来的接班人是当代的重大举措。灾害的意外性、随机性可能给每个人带来风险与灾难，如果人人都能在临场的几秒钟或几分钟内妥善处理意外灾害，就能转危为安，或将灾害造成的损失减少到最小程度。可见，安全意识和安全文化素质对实现全民安全、推动安全科学发展，有着重要的现实意义和深远意义。

3.1.4.2 安全文化与安全管理的关系

国际核安全咨询小组提出的以安全文化为基础的安全管理模型如图 3-2 所示。该安全管理模型包括安全评价和确认、安全文化、经过考验的工程实践、规程、活动五个方面。其中，安全文化是安全管理的基础。

图 3-2 以安全文化为基础的安全管理模型

在选择、运用经过验证的工程实践过程中，在制定、执行规程的过程中以及进行生产活动的过程中要进行监测和控制，以防止偏离预定的标准。从这个意义上讲，该模型又是一个质量保证（Quality Assurance）体系。

一个组织的安全文化最终反映在工作场所的安全管理上。安全管理系统不仅要制定制度和规程，还要处理安全问题和贯彻执行制度规程的方法和规则。安全管理（资源、制度、实践、规程、监控等）的作用将受到组织内的安全文化的影响。随着安全管理理论与技术的不断发展深化，安全文化也必将随之而得到升华。

根据安全文化的定义可以看出，安全文化具有意识和现实两种形态，这两种形态在安全管理中都得到了很好的体现。安全文化与安全管理有内在的联系，但不可相互取代，两者相辅相成又互相促进。

首先，安全文化对安全管理有影响和决定作用。安全文化的水平影响安全管理的机制和方法，安全文化的氛围和特征决定安全管理模式。尤其是对企业来说，安全文化是企业安全生产的灵魂，贯穿于企业的日常安全管理工作的全方位、全过程之中。企业的安全文化对企业搞好安全管理工作的意义重大。

其次，安全文化是安全管理的软手段，在日常安全管理工作中，起着提高人的安全意识、规范人的行为的作用；同时安全文化管理也是一种新的管理方式，运用灵活、全面、能动的手段，充分发挥安全文化在安全管理中的信仰凝聚、行为激励、行为规范、认识导向等作用。

再次，安全管理有赖于安全文化的核心理念的支撑和指导。因此，安全管理是安全文化思想与成果在现实形态中的体现，其进步与发展虽然具有一定的相对独立性，却也丰富了安全文化，为塑造、培育安全文化提供了必要手段。作为安全工作中的管理者，既要懂得利用已形成的安全文化去引领、约束并规范人们的安全行为，又要知道如何运用管理的手段去塑造并构建安全文化。

最后，管理活动作为人类发展的重要组成部分，它广泛体现在社会文化活动中，并带有不同时期的文化特征。安全管理便是安全文化理念及层次水平的反映，有什么样的安全文化就会形成什么样的安全管理模式，安全管理模式的创新，需要安全文化的不断创新与发展。

总之，安全文化能够促进安全管理的理论与机制创新以及安全管理的改进与提高，反过来又能激励安全文化的传承和发扬。正确处理安全文化与安全管理的关系，无论是对安全文化的培育、优良安全文化氛围的营造，还是对搞好日常安全管理工作，实现安全生产、生活与生存，都具有十分深远的意义。

3.1.5 企业安全文化建设

3.1.5.1 企业安全文化的概念

企业安全文化是安全文化最重要的组成部分。企业安全文化又是企业文化的子系统，是企业在长期生产经营活动中形成的、有意识塑造的，它客观地存在于每个企业之中，是企业安全活动创造的安全生产及劳动保护的观念、制度、行为、环境、物态条件的总和。

3.1.5.2 企业安全文化建设的意义

安全文化，重在建设。建设安全文化思想的提出，是人类实现安全生存和保障企业安全生产的策略和方法，是安全系统工程和现代安全管理的一种新思路。松下幸之助曾说："我只要走进一家公司 7 秒钟，就能感受到这个公司的业绩如何。"这说明了企业文化与企业经营管理之间的密切关系。企业安全文化建设是弘扬企业精神、塑造企业形象、实现企业安全生产目标的动力，也是企业事故预防的重要基础工程。

◆ 安全文化是持续实现安全生产不可或缺的软支撑

生产过程仅靠科技手段往往达不到本质安全化，需要有安全文化和科学管理手段的补充和支撑。在安全管理面前，刚性的管理制度需要依赖于管理者和被管理者对事故原因及对策的认识一致。在安全管理上，时时处处监督企业每一位员工遵章守纪的情况是一件困难的事情，优秀的安全文化应体现在人们处理安全问题有利的机制和方式上，不仅有利于弥补安全管理的漏洞和不足，而且对预防事故、实现安全生产的长治久安具有整体的支撑。建立起以人为本的企业安全文化，可以使员工对安全工作产生兴趣，树立正确的安全观和安全理念，使被管理者在内心深处认识到安全是自己所需要的，而非别人所强加的；使管理者认识到不能以牺牲劳动者的生命和健康来发展生产，从而使"以人为本"落到实处，实现从"让我安全"到"我要安全"的本质转变。

◆ 安全文化是员工最根本的利益诉求

安全生产是企业安全文化的基础，没有安全生产，企业安全文化就无从谈起。反过来说，企业安全文化又是企业安全生产的推动力，它为企业的安全生产提供了强有力的保证。企业安全生产不是只靠一句口号、几条标语就能实现的，而是要将安全文化的理念贯彻到生产经营的全过程，并把它牢牢印入人们的潜意识中。安全意识的牢固树立、防护能力的全面提高，必须靠管理创新来实现。对于一个企业来说，管理创新之一就是企业的安全文化。企业安全文化事关企业职工群众的生命和生活质量，安全、火灾甚至无灾、无害、和谐的社会，是每个人的向往，安全文化代表了广大人民的利益，企业安全文化的形成，必然推动安全生产的发展和企业文化的全面实现。

◆ 企业安全文化建设是预防事故的"人因工程"

事故的主要原因是"人的不安全行为和物的不安全状态"。物的不安全状态是指由于生产过程中使用的物质、能量等的客观存在而可能导致事故和伤害发生的状态。物的不安全状态是事故发生的根源，如果没有物的不安全状态存在，则人的行为也就无所谓安全还是不安全。因此，安全工作首先要解决的是物的不安全状态问题，而这主要靠安全科学技术和工程技术来实现。然而，科学技术和工程技术并不能解决所有问题，其原因一方面可能是科技水平发展不够，另一方面是经济上不合算。基于此，控制和改善人的不安全行为也十分重要。控制、改善人的行为一般采用管理的方法，即用强制手段约束被管理者的个性行为，使其符合管理者的需要。企业安全管理是在安全科学技术和安全工程技术基础之上，通过制定法律法规、制度规范、操作规程等来约束企业职工的不安全行为。同时，通过宣传、教育等培训手段，使职工学会并能按要求操作，从而保证安全生产。

因此，良好的企业安全文化不仅会使企业的安全环境长期处于相对稳定状态，更重要的是通过企业安全文化的建立，使员工的思想素质、敬业精神、专业技能等方面得到不同程度的提高，同时也会带动与安全管理相适应的经营管理、科技创新、结构调整等工作的平衡发展，这对树立企业的品牌形象和增强企业的综合实力等都大有裨益。

3.1.5.3　企业安全文化建设的原则

建设安全文化的目的是提升社会和全民的安全素质，这对于提高人类的安全生存水平，提高企业安全生产保障能力具有基础性意义和战略性意义。这就要求在安全文化建设过程中遵循以下原则：

◆ "以人为本"原则

树立"以人为本"的原则，促进社会和人的全面发展。安全生产管理首先要求充分发挥每个人的主观能动性，使他们自身的潜能得到充分的发挥。安全管理的根本目的是为了人的安全，因而在安全文化建设中，要始终坚持"以人为本"的原则，以实现人的价值、保护人的生命安全与健康为宗旨。安全文化的建设，重要的是将"要我安全"转变为"我要安全"，要使"我要安全"的意识深入到每个人心中，充分体现"我要安全"的自觉性、主动性，逐步使每个人时时处处事事都把安全记在心上、落实在行动上，做到人人都能"自主管理""不伤害别人""不伤害自己""不被别人伤害"。在社会和企业内创造一个充分体现"安全第一"的思想氛围，使其深入到每个成员的内心，形成一个互相监督、互相制约、互相指导的安全管理体系。

◆ "系统性"原则

为了达到管理优化的目的，必须把安全文化视为一个有机的系统，并运用系统的观点、理论和方法建设安全文化。企业安全文化涉及物态、行为、制度和观念等多个层次结构，各个层次之间并不是孤立存在的；同时，企业安全文化又同企业安全管理乃至整个企业管理的其他环节存在着联系，因此，安全文化建设需要作为系统工程来对待，系统目标确定恰当，各种关系能够调节一致，就能大大发挥安全文化系统的效益；反之，如果综合得不好，不适当地忽略了其中某一个目标或因素，有时可能会造成极为严重的后果。

◆ "全员、全过程"原则

安全生产是一个系统工程，实行全员、全过程安全管理是企业搞好安全生产的重要途径，企业安全文化建设除了关注人的安全知识、技能、意识观念等内在因素外，更要重视安全设施、生产设备、工具材料、技术工艺、作业环境等外在因素物态条件的安全化，即物的本质安全。要达到上述目的，不是靠少数人能够实现的，必须是全体企业员工的共同努力，才能杜绝"三违"隐患，控制事故。

◆ "预防为主"原则

"预防为主"是安全生产方针的核心和具体体现，是实施安全生产的基本思想。事故发生之后，人们在总结经验和教训的时候，往往会发现很多事故如果提前预防是可以避免的。随着高新技术的不断推出与应用，人们对安全的认识进入到本质安全阶段，以本质安全化、超前预防型为主体特征的现代企业安全文化逐步形成。企业安全文化建设作为企业预防事故发生的一个重要基础工程，必将促使企业安全管理工作在生产实践中不断加强，实现由粗放型管理向集约型管理的转化，变"事故处理、事后防范"为"本质安全、超前预防"的管理模式，从安全思想到安全方法实现质的飞跃，真正走向"预防为主"的轨道。

◆ "动态"原则

世界上的万事万物都是运动和变化着的，企业安全文化系统是由相互联系和相互作用的各种要素组成，内外环境的变化要求安全文化必须从实际出发，用历史的、运动的、发展的眼光看待问题，运用经验和技巧，从实际情况出发及时调整文化建设策略，或者是更新经营观念、经营方针，能随时对过程进行调节和控制，以实现最佳的管理效果，促进企业的不断发展。

◆ "效益"原则

"效益"原则要求企业文化建设的各项内容要始终围绕企业的总体目标，重视安全效益，追求安全效益，以最小的消耗和代价获取最佳的综合效益。管理者要全面理解效益的内涵，自觉做到经济效益和社会效益协调一致，在安全文化建设的各个方面、各个环节中都能自觉地遵循效益原则来指导实践，检验安全文化建设的成果，推动企业安全管理的发展。

◆ "技术依托"原则

企业安全文化是一种全新的安全管理思维模式，建设企业安全文化必须与企业现实中的安全管理工作和企业实际紧密结合，必须与推广、应用、开发现代安全科技紧密结合。

3.1.5.4 企业安全文化的评估标准

企业安全文化是一项系统工程，是组织的理念、价值观行为模式等深层次的人文内容在安全管理上的综合反映。因此，开展企业组织的安全文化状况分析和评价，是企业安全文化得以发展的基础。理想的安全文化被认为是能够持续地、最大限度地避免系统内部风险并驱动整个系统的动力源，而且这个动力源可以在不受组织领导者和商业因素的影响下发挥作用。但是，企业安全文化涉及企业的人、物、环境等各个方面，与整个企业的理念、价值观、氛围、行为模式等深层次的人文内容密切相关，客观地分析和评价一个组织机构的安全文化水平是很困难的。为了对一个企业安全文化的状况进行评价，首先应该确定评价的因素集合，然后给出各个因素的评价等级，再对照企业的现状，给出企业安全文化当前所处的状态或发展阶段。

对企业安全文化进行评价首先要确定从哪些方面对企业安全文化进行衡量，每个方面都可以看成是一个因素，一个因素应该代表企业安全文化的一个特征。目前，对企业安全文化进行衡量的因素究竟应该包括哪些，还没有定论。

国内学者李林等基于特定的（Specific）、可测量的（Measurable）、可得到的（Attainable）、相关的（Relevant）、可跟踪的（Trackable）的 SMART 原则，开发出安全文化评价指标体系。选取了 3 个测量维度，从 5 个方向的 18 个评价指标进行评价，运用层次分析法、问卷调查及专家咨询等方法系统确定各评价指标的评价权重，构建了企业安全文化评价体系，如图 3-3 所示。

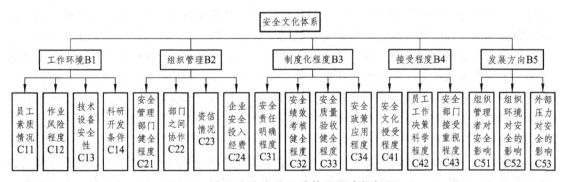

图 3-3 企业安全文化评价体系层次指标图

国外的一些文献提出过 2 ~ 19 个不等的因素。韦格曼等人在分析了大量评价系统的基础上，总结出安全文化至少有 5 个评价因素，即组织的承诺、管理参与、员工授权、奖惩系统和报告系统。

◆　组织的承诺

组织对安全的承诺与组织的高层管理者将安全视作组织的核心价值和指导原则的程度有关，因此，这种承诺也能反映出高层管理者始终积极地向安全目标前进的态度以及有效地激发全体员工持续改善安全的能力。只有高层管理者做出安全承诺，才会提供足够的资源并支持安全活动的开展和实施。如在安全工作程序中努力的程度、矫正安全问题的态度、对安全问题的关心程度、对安全命令的坚持、对于安全行为与信念的承诺以及对部属的鼓励态度等。

◆　管理参与程度

管理参与程度是指高层和中层管理者亲自参与组织内部的关键性活动的程度。高层和中层管理者通过每时每刻参加安全的运作，与一般员工交流注重安全的理念，表明自己对安全重视的态度，从而促使员工自觉遵守安全操作规程。也就是说，领导要做好示范作用，这个领导包括各个层次的管理人员和专业的安全管理人员，将安全文化体现在管理者的语言和行动上。

◆　员工授权

员工授权是指企业有一个良好的授权于员工的安全文化，员工在安全决策上有充分的发言权，可以发起并实施对安全的改进，并且企业确信员工十分明确自己在改进安全方面所起的关键作用。在员工中寻找、发现、树立企业安全英雄、标兵模范，使员工在学习理解安全文化时有一面镜子，能够看清自己努力的方向。员工授权可以促进员工不断改变现状的积极性，这种积极性可能超出了个人的职责要求，是员工为了确保组织安全而主动承担的责任。

◆　奖惩系统

组织需要建立一个公正的评价和奖励系统，以促进安全行为，抑制或改正不安全行为。一个组织的安全文化的重要组成部分，是其内部建立的一种规矩，在这个规矩之下，安全和不安全行为均被评价，并且按照评价结果给予公平一致的奖励或惩罚。因此，一个组织的正式文件化的奖惩系统、稳定的奖惩政策，即为全体员工接受和理解的、用于强化安全行为、抑制或改正不安全行为的奖惩系统，可以反映出改正组织安全文化的情况。

◆　报告系统

报告系统是指企业内部建立的、能够有效地对安全管理上存在的薄弱环节在发生事故前就被识别并由员工向管理者报告的系统。一个具有良好安全文化的组织应该建立一个正式的报告系统，并且该系统被员工积极地使用，同时向员工反馈必要的信息。

不少研究者认为，除了上述韦格曼等人所提出的 5 种评价因素外，还应该有一个评价安全文化的重要因素——培训教育。培训教育是指安全培训教育在组织被重视的程度、参与的主动性和广泛性以及雇员安全技能的掌握情况。企业安全文化建设要加强宣传、培训工作。企业安全文化建设的土壤是员工，员工受教育的程度、知识水平的高低、业务能力的强弱等基础文化素养与安全文化工作的实施密切相关。因此，进行企业安全文化建设要结合实际，通过形式多样、内容丰富的宣传、培训等手段，确立"安全第一"的观念与行为规范。

有了上述关于安全文化的表征因素，还必须根据这些因素建立具体的评价方法。一种较为简便的方法是：可以对每一个因素划分出等级并赋予一个分值，将企业安全文化的状况按各因素等级进行对照，确定相应的分值，最后将各分值相加得到总分，即为企业安全文化状况评价结果。需要注意的是，组织的文化发展是需要一个时间阶段的，不能一蹴而就。一个组织就像一个有机体，处在不断适应的过程中。

3.1.5.5　企业安全文化建设的目标

企业安全文化建设的主要目标有：

◆　全面提高企业全员的安全文化素质

企业安全文化建设应以培养员工安全价值观念为首要目标，分层次、有重点、全面地强化职工思想、文化、管理、技术培训，提高企业职工的安全文化素质，塑造一流的员工队伍形象，以适应市场化、现代化的需要。对决策层的要求起点要高，不但要树立"安全第一、预防为主""安全就是效益""关爱生命、以人为本"等基本的安全理念，还要了解与安全生产相关的法律法规，勇于承担安全责任；企业管理层应掌握安全生产方面的管理知识，熟悉安全生产的相关法规和技术标准，做好企业安全生产教育、培训和宣传等工作；企业操作层即基层职工不但要自觉培养安全生产的意识，还应主动掌握必要的生产安全技能。只有不断扩充知识储备，更新专业技术技能，提高文化修养，提高人们对生存状态和生命价值的进一步思考和理解，才可能与时俱进，使企业在激烈的市场竞争中稳操胜券。

◆　提高企业安全管理的水平和层次

管理活动是人类发展的重要组成部分，它广泛体现在社会文化活动中。企业安全文化建设的目标之一是提升企业安全管理的水平和层次。传统的安全管理理念必须要向现代安全管理理念转变，无论是管理思想、管理理念、管理方法、管理模式等都需要进一步改进。企业应建立健全职业安全健康管理体系，建立富有自身特色的安全管理体系，针对企业自身风险特点和类型实施超前预防管理。

◆　营造浓厚的安全生产氛围

通过丰富多彩的企业安全文化活动，在企业内部营造出一种"关注安全，关爱生命"的良好氛围，促使企业更多的人和群体对安全有新的、正确的认识和理解，将全体员工的安全需要转化为具体的愿景、目标、信条和行为准则，成为员工安全生产的精神动力，并为企业的安全生产目标而努力。

◆　培育企业精神

企业精神是企业文化范畴中最高层次的内容。因此，形成职工认同的企业理念和核心价值观，建立企业命运共同体的企业精神十分重要。培育企业精神的立足点，首先应该是尊重、关心和爱护职工。这是因为，人是企业管理的核心，职工是企业命运的决定因素，加强对人的培养和教育至关重要。坚持以人为本，对职工的尊重是必不可少的。作为当代的企业领导，应该经常深入到职工中去，了解真情，关心职工的思想、工作和生活，职工就会更积极努力地工作。一个企业有了职工的支持和努力，就会形成巨大的凝聚力，培养"荣辱与共""勤劳敬业"的企业精神就不会太难。

◆　树立企业良好的外部形象

企业的知名度和美誉度事关企业的市场信誉及社会形象，也是一种无形资产，是企业核心竞争力的一个重要体现。企业安全文化建设目标之一是树立企业良好的外部形象，提升企业核心竞争力中的"软"实力，在企业投标、信贷、寻求合作、占有市场、吸引人才等方面，塑造一流的管理形象、一流的职工形象。

3.1.5.6　企业安全文化建设的主要手段

企业安全文化建设要根据企业的特点和生产经营中突出的安全问题，有计划、有步骤、有阶段地推进,它必须通过一定的物质实体和手段,在生活和生产活动实践中表现出来。从国内外企业安全文化建设的理论和可取的经验表明,可以采取以下几种手段加强安全文化的建设。

◆ 安全管理手段

采用现代安全管理的办法,统一思想,提高认识,从精神与物质两方面去有效地发挥安全文化的作用,保护员工的安全与健康。一方面改善企业的人文环境,树立科学的人生观和安全价值观。在安全意识、思维、态度、理念、精神的基础上,形成企业安全文化背景;另一方面,通过管理的手段调节人—机—环境的关系,建立一种在安全文化氛围中的安全生产运行机制,推行现代安全管理模式,建立科学、规范的安全管理体系,使企业的安全管理规范化、系统化,并能持续改进、不断完善,达到安全管理的期望目标。

◆ 行政手段

行政手段要充分运用安全制度文化的功能,规范员工的行为,使人人遵章守纪,防止"三违"现象,保护自己、保护他人、保障企业安全生产。例如,贯彻政府、行业的法规、条例、标准;保证执行安全生产的各种规章制度和操作规程;坚持"三同时",即新、改、扩建工程的劳动安全卫生设施必须与主体工程同时设计、同时施工、同时投产;坚持"五同时",即在计划、布置、检查、总结、评比生产的同时,计划、布置、检查、总结、评比安全;严格执行安全生产的奖惩制度;加强事故管理;真正贯彻"管生产必须管安全"的原则,并落实到企业法人代表或第一责任人头上;以提高安全文化素质为主线,开展安全进挡、升级、创水平竞赛活动,把安全生产作为一项否决权列入竞赛方案中,高标准、严要求,牢固树立"安全第一"的思想。

◆ 科技手段

依靠科技进步,推广先进技术和成果,不断改善劳动条件和作业环境,不断提高生产技术和安全技术水平,实现生产过程的本质安全化。例如,应用和发挥安全工程技术,消除潜在危险和危害;用新工艺、新材料代替人的手工操作和笨重体力劳动,改善劳动环境,减少职业危害;采用防火防爆工程、现代消防技术、阻燃隔爆等方法,减少和防止工业爆炸和火灾;采用安全系统工程、安全人机工程、闭锁技术、冗余技术以及能量、时间、距离控制等技术,保障人—机—环境和谐协调运转,保护人与设备的安全。总之,利用安全文化的物质特性和物化了的技术、材料、设备、保护装置,维护生产经营活动安全卫生地进行。

◆ 经济手段

例如,利用安全经济的信息分析技术、安全—产出的投资技术、事故直接经济损失计算技术、事故间接非价值对象损失的价值化技术、安全经济效益分析技术、安全经济管理技术、安全风险评估技术、安全经济分析与决策技术等,在安全投入、技术改造、兴建工程、安全经济决策、安全奖励等方面都显示出经济手段对安全生产的重要作用。

◆ 法治手段

进入21世纪以来,我国立法步伐加快,安全生产方面的法律、法规以及国家标准、行业标准日益健全,无法可依的时代已经过去。因此,要充分利用安全生产和工业卫生的法律、法规以及行政规章和有关政策,对企业的安全生产状况,包括企业的生产改造、扩建、改建或新建工程、生产经营活动等进行监督和监察。例如,宪法、刑法、劳动法、企业法、煤炭法、交通法、民航法、建筑法等法律中有关安全生产与职业病防治的条款;安全生产法、职业病防治法、矿山安全法、消防法等专门法律；国务院颁布的"三大规程"和"五项规定"、危险化学品安全管理条例、工伤保险条例、建设工程安全生产管理条例等行政法规；有关安全生产的所有国家标准和行业标准；各行业（部门）制定的各项安全生产规章制度等。这些法律、规章和制度在保护企业员工的合法权益，保护其在劳动生产过程中的安全和健康的同时，也规范了员工的安全生产行为，并对违法行为进行惩治。要使每个员工知道遵章守法是公民的义务，是文明人对社会负责任的表现。

◆ 教育手段

教育是传播文化、传递生产经验和社会经验，促进世界文明的重要手段，也是培养和造就高素质人才的必由之路。安全文化是安全知识、安全技能、安全意识的统一体。员工的安全生产、生活以及社会公共安全的知识、态度、意识、习惯，可以通过科学技术和安全精神的教育、宣传、学习、升华不断得到提高。企业的全员安全教育必须常抓不懈，不断提高，以适应安全科学技术的进步和现代安全管理的需要。例如，新员工的职业安全知识、规章制度的培训教育，特殊工种资格培训教育，企业决策者、各级生产经营管理人员、安全主管人员的任职资格教育，安全法律、法规及标准的告知，本企业及工作场所潜在危险的告知，安全科普、安全文化知识教育，员工家属安全文化教育等。通过各种宣传、教育的形式和手段，如利用广播、电视、录像、电影、互联网、安全板报、漫画等手段来影响、塑造符合企业发展和社会文明的安全文化人；采取上下结合、分级负责、多层次、多渠道的方法进行强制性的安全技术培训，并把培训计划的完成情况与生产指标一同考核。另外，还可以定期开展安全文化活动，例如，开展安全生产周（月）活动、安全文艺晚会、安全电视节目、安全表彰会、事故防范活动、安全技能演习活动、安全宣传活动、安全教育活动、安全管理活动、安全科技建设活动、安全检查活动、安全审评活动等。

3.1.5.7 企业安全文化建设的途径

企业安全文化包含了四个层次，即物质、行为、制度和精神四个方面。

◆ 铸就物质环境根基，形成安全物质文化

要保障人的安全行为，必须创造良好的环境，包括生产对象、生活资料、生产条件、作业环境、设备设施、厂风厂貌、劳动保护用品及环境保护基本设施等，以实现人—机—环境系统的本质安全化。安全物质文化的根基建设具体可以采取以下措施：采用先进、高效的生产工艺技术，安全性高的生产设备，灵敏、可靠的安全预警、预报和防护系统，对生产环境中有哪些危险因素、影响程度、产生的原因进行综合分析，明确控制环境不安全状况的目标和任务，并在生产实践中依据环境安全与管理的需求，制订措施和计划，对生产事故进行超前预防、控制，通过快捷的事故应急系统，现代化的安全检验及环境监控系统，先进的人—机—环境信息管理技术，完善的标准及规程等来规范人的行为，从技术上和装置上控制和减少发生事故的可能性，从而最大限度地减少事故的发生。

◆ 建立行为规范模式，实现安全行为文化

安全行为文化是安全在组织生产经营中雇员行为的动态体现，企业应形成一套折射组织安全价值观的行为、体现安全理念的活动等的安全行为规范模式。

首先，建立管理者安全行为规范模式。管理者应基于对工程项目、产品线或专项作业整体性、长期性、基本性安全问题的考量，设计未来整套安全保障的整体规划；提高管理者对安全工作的重视程度，强化管理者对现场指挥的策略、方式及能力，加强细节控制，对员工的活动和设备设施的状况实时监督，判定组织是否正朝着既定的目标安全地运行，并在必要的时候及时采取矫正措施；改善管理者对安全经费的决策及态度、对安全专职人员的用人机制及态度；依据作业操作情况进行流程变革，对产生某一结果的一系列作业或操作（或者是连续的操作或处理），根据安全性、合理性的原则进行调整，使操作流程更具科学性。

其次，加强对员工安全行为的建设，使员工操作程序化。给员工以角色认知，清楚界定岗位职责，明确员工在整个生产现场和操作过程中扮演的角色；对员工进行特殊教育、日常教育、安全宣传、班组建设等，使员工遵章守纪，提高员工的操作技能，使员工在规程内操作，减少员工的行为失误；借鉴"剧本排练"经验，确保所有的操作文件要在正式操作前传达至操作者，并保证操作者能够完全理解，有条件、有能力做到；提高员工的职业素养，提高员工对非例行安全情况和现场变化采取应对措施的能力。

◆ 建设制度规范体系，强化安全制度文化

建立和完善安全制度，发挥安全制度在安全生产中的规范、约束和激励作用，有利于建立企业安全生产的长效机制，实现生产的本质安全。安全制度建设要符合合法性、系统性、全面性及普遍适用和认同的要求，使块与块之间、条与条之间相互衔接成一体系。

建设与组织文化相适应的组织机构和规章制度，以现在推行的 HSE 管理体系为龙头，执行各项法律、法规，建立健全企业安全规章制度、操作规程及事故防范、调查与处理制度规程、应急逃生预案、安全教育及宣传的制度、安全生产责任制，依法实施奖惩，激励员工规范自律行为，并且高效地运作这些法规、标准，让管理体系和技术标准指导企业的日常安全生产管理工作，使其真正落实到安全生产的实处，不断提高安全生产技能和自我保护意识，依法保障职工的行为安全，不断营造和谐的安全生产环境和安全文化氛围。具体而言，安全制度体系应包括以下八大制度体系：

安全生产责任制度体系——建立横向到边、纵向到底的安全生产责任制度体系，不仅要让企业的每个部门担负起安全生产的责任，也要让从厂长到班组长到工人都有明确的安全生产责任。

安全质量精细化管理制度体系——各级各类人员的安全质量工作目标明确、工作责任明确、工作标准明确、工作考核明确，日事日毕，建立工作目标体系、责任体系、标准体系、控制体系、考核体系和信息体系。

事故预防管理制度体系——根据本单位实际，总结归纳各类可能发生灾害事故的地点、自然条件与生产条件等，充分考虑事故的各种因素，建立完善的事故预防管理制度。

安全技术管理制度体系——建立企业技术人员和一般职工指挥生产和从事生产的技术规范和行为规则，把推广应用新技术、新工艺、新装备作为安全技术管理的重点工作来抓。

安全宣传教育和培训制度体系——有计划地开展系列安全教育活动，建立安全培训运行体系，不断提高职工的安全技能和素质。

安全监督检查制度体系——强化生产现场的安全管理，夯实安全生产基础，发挥安监部门的安全检查管理作用，狠抓安全监督检查和管理，牢牢掌握安全生产主动权。

安全生产奖罚制度体系——将正向激励与负向激励、物质激励与精神激励结合起来，兼顾责任、权利、义务，制定明确的奖罚措施和绩效考核制度。

职业安全健康认证制度体系——建立职业安全健康管理体系，健全企业自我约束机制，标本兼治、综合治理，把安全生产工作纳入法制化、规范化轨道，提高全员的安全意识，促进职业安全健康管理与国际接轨。

◆ 凝练安全管理理念，引领安全观念文化

价值观是安全文化建设的重点。但理念是长期积淀的产物，不是突然产生的，是有意识培育的结果，而不是自发产生的。因此，企业应在实践中逐渐提炼安全管理理念，阐明安全愿景并以此作为全员的共同追求目标，明确组织的安全管理风格。首先以组织领导人的言传身教来树立统一的价值观，其次建立健全配套机制，将安全理念渗透到企业日常经营管理过程中的每一个环节。通过安全观念文化的培养与熏陶，使员工从内心深处形成"关注安全、关爱生命"、自发自觉保安全的本能意识，形成应急、间接和超前的安全保护意识，最终实现本质安全。再次，开展安全道德宣传工作，靠社会舆论、环境氛围和人们内心信念的力量，来加强安全道德修养。最后，做好安全道德教育，培养人们安全道德的情感，树立安全道德的信念，坚决执行由安全道德所引导的正确的行为动机，以养成良好的安全道德的行为习惯。

3.2　安全的社会效应

安全工作是关系到人民生活质量的根本大事，是国民经济持续发展的有机整体，是社会文明、国家进步的重要标志，是社会主义市场经济发展的客观需要，是事关企业和国家形象的重要影响因素，安全生产保障水平对于维护国家安全、保持社会稳定具有现实的意义，因此必须重视企业安全的社会效应。

3.2.1　安全与人民的生活质量、社会的稳定直接相关

安全事故往往造成人员伤亡，甚至有些危害后果非常严重，每一次事故都会给个人、家庭、组织带来心灵上和物质上的社会性危害，带来巨大的、终生难以平复的悲痛，成为影响社会安定的危害因素。例如，2014年的1月至11月，全国共发生安全生产事故26.9万起，死亡5.7万人，其中重特大事故37起，死亡685人。2014年1月14日下午14时52分，温岭市台州大东鞋厂发生火灾，经全力扑救，大火在17时40分扑灭，现场救出20多名职工。经确认，火灾造成16人死亡，5人受伤。据台州市安监局安全生产监察支队队长张小群介绍："这是一起重大责任事故，直接原因为位于鞋厂东侧钢棚北半间的电气线路故障，引燃周围鞋盒等可燃物引发火灾。"2014年3月21日10时37分，位于河南的中国平煤神马集团所属的长虹矿业有限公司井下21010掘进工作面发生煤与瓦斯突出事故，突出地点距地面垂深500米，突出煤量大约970吨，瓦斯量约为3万立方米，当时有16名矿工在此作业，其中3人逃生，13名矿工遇险。2014年8月2日，昆山市中荣金属制品有限公司抛光车间发生粉尘爆炸特别重大事故，事故造成75人死亡，185人受伤。后据事故调查组确认，事故是因粉尘浓度超标，遇到火源发生爆炸，是一起重大责任事故。一场场的安全事故悲剧提醒我们，应该为安全生产和社会稳定多给予一份关注，因为安全问题始终是关系到社会稳定的大事。

在人民群众的各种利益中，生命的安全和健康保障是最实在和最基本的利益。如果安全

生产工作做不好，经常发生工伤事故，职业病得不到控制，这对人民群众生命的健康，对社会基本细胞——家庭将产生极大的损害和威胁，尤其是当前我国独生子女逐渐成为就业主力军，家庭面对伤亡和危害会承受更大的压力，一旦出现重大安全事故，可能会导致广大人民群众和劳动者对社会制度、对党为人民服务的宗旨、对改革的目标产生疑虑和动摇，当这些问题积累到一定程度和突然发生震动性事件的时候，就有可能成为影响社会安全、稳定的因素之一。因此，安全生产直接关系到国家的政治经济安全，影响社会的稳定。

安全的社会稳定效应的另一个重要方面还体现在对各级行政部门以及对国家领导人或政府高层决策者的影响。每一次特大事故的发生，无不牵涉上至国家领导人，下至各级地方政府领导的精力。因此，各级政府和每一个组织的管理者要站在维护人民群众根本利益的角度来认识安全生产工作，对待事故坚决做到"四不放过"，即事故原因没有查清不放过、事故责任人没有受到处理不放过、相关人员没有受到教育不放过、没有制定整改措施不放过。

3.2.2　安全生产是实现国民经济目标的重要途径和基石

企业是国民经济的基本单位，是国民经济的重要细胞组织。国民经济整体是由一个个相互联系、相互制约的相对独立的生产企业和经济组织构成的。企业经济是国民经济的重要组成部分，企业经济目标的完成和发展需要安全生产作为基础保障。安全生产是实现国民经济目标的重要途径和基石，同国民经济是不可分割的整体。具体而言，安全生产对国民经济的影响，不仅表现在减少事故造成的经济损失方面，同时，安全对经济具有"贡献率"，安全也是生产力。

发生事故会导致生产力水平下降，影响国民生产总值。据联合国统计，世界各国平均每年支出的事故费用约占总产值的 6%。ISO 编写的《职业健康与安全百科全书》中提出："可以认为，事故的总损失即是防护费用和善后费用的总和。在许多工业国家中，善后费用估计为国民生产总值的 1%~3%。事故预防费用较难估计，但至少等于善后费用的两倍。"事故会造成时间上的浪费和长时间的无效劳动。事故可能造成机器设备和工具的损坏、材料和产品的损失、失去员工或者更换人员的损失，这些损失直接导致生产力水平下降；事故和疾病对人力资源的精神和士气所造成的损失会间接影响生产力水平，在做出恢复生产的安排之前，生产操作可能处于停滞状态；由于照顾受伤者，其他的雇员将花费时间；由于事故发生使工人的生产积极性和生产情绪受到不良影响，会明显降低工人的生产进度，影响生产或者服务的质量；同时，企业本来监管日常行政工作的重点会转移到对事故的调查、处理、赔偿以及替换和培训受伤人员等方面，对正常的管理工作造成负面影响。

"生产必须安全，安全促进生产"是指导社会经济活动的基本原则之一，也是生产过程的必然规律和客观要求，为适应社会主义市场经济体制，加强中国在国际上的竞争力，应逐渐增加国家和企业对安全生产的投入，将社会协调安定、人民生活安康、企业生产安全等反映社会协调稳定、家庭生活质量保障、人民生命安全健康、社会公共安全、社区消防安全、道路（铁路、航运、民航）交通保障等"大安全"指标纳入国家社会经济发展的总体规划和目标系统中。

3.2.3　安全生产是社会进步的重要标志

安全生产状况是国家经济发展和社会文明程度的反映，保障所有劳动者的安全与健康是社会公正、安全、文明、健康发展的重要标志。

人类的安全水平很大程度上取决于经济水平。一方面，经济水平决定了安全投入的力度，另一方面，经济水平制约了安全技术水平和保障标准。事故状况与国家工业发展的基础水平、速度和规模等因素密切相关。世界上一些国家的发展经历表明，当一个国家的人均 GDP 在 5 000 美元以下时，高速的经济发展使工业事故和伤亡处于波动增量的态势；人均 GDP 接近 1 万美元时，工伤事故可呈稳定下降的态势；当 GDP 达到或超过 2 万美元左右时，工伤事故可以得到较好的控制。中国是发展中国家，工业基础比较薄弱，科学技术水平和管理水平有待提高，经济发展水平不平衡，法律尚不够健全，从总体上看，安全生产还比较落后，工伤事故和职业危害比较严重。随着社会的进步和科学技术的发展，广大人民群众对减少伤亡事故和职业危害的迫切需要与落后的安全生产状况之间的矛盾，成为贯穿我国安全生产工作、社会生活的主要矛盾。

虽然安全生产的情况是衡量一个国家社会经济发展水平的标志，经济发达国家的安全生产状况总体优于发展中国家。但是应该清楚地认识到，无论是发达国家还是发展中国家，政府、社会和公众对安全生产的要求和需求是一致的。

3.2.4　安全生产关系到中国的国际形象

安全生产事关中国国际形象和国际市场的竞争力。近几年来，国际上安全生产管理水平和安全卫生科学技术水平提高很快，进展迅猛。世界经济一体化提出了安全生产标准国际化的要求。20 世纪 90 年代以来，在全球一体化的大背景下，国际上出现了职业安全健康标准一体化的倾向。中国的安全生产状况与工业发达国家相比明显落后，与韩国、新加坡、泰国这些亚洲的发展中国家相比也有较大差距，这些差距主要表现在法规体系不健全、安全卫生基础研究与应用技术落后等方面。这种落后的状况已经使中国在一些国际交往中有时处于被动局面，也影响到部分国际经济活动。我国是社会主义国家，做好劳动保护工作、提高职业安全健康水平和提高安全生产保障水平是政府、国家和社会的重大责任与义务。如果重大安全事故不断发生，职业病发病率过高，对中国的国际形象极为不利。因此，无论从保护劳动者的健康、完善社会主义市场经济运行体制、促进国家社会经济健康发展出发，还是从顺应全球经济一体化的国际趋势、保证国际经济活动安全顺利地运行考虑，都应注重安全生产，否则将影响中国的国际形象和国际市场竞争力。

3.2.5　安全生产影响企业形象

商誉是指企业由于各种有利条件，或历史悠久积累了丰富的从事本行业的经验，或产品质量优异、生产安全，或组织得当、服务周到，以及生产经营效率较高等综合因素，使企业在同行业中处于较为优越的地位，因而在客户中享有良好的信誉，从而获得超额效益的能力。商誉是在可确定的各类资产基础上所获得的额外高于正常投入报酬能力所形成的价值，是企业的一项受法律保护的无形资产。商誉是企业经过多年的各方面的努力才赢得的，但是，只要发生一起安全事故，就有可能将企业商誉毁于一旦。一个具备良好商誉的企业必然是一个安全状况良好、生产稳定的企业。如果一个企业事故频发，劳动者职业危害严重，生产就不可能稳定，产品质量就不可能优异，企业就无商誉可言，也就不可能在竞争中处于有利地位，更不可能在同行业中获得高于平均收益率的利润。安全事故可能会导致企业蒙受巨大的损失和严重的人员伤亡，带来不良的社会影响。而企业对生产车间的劳动卫生进行治理，减少对外的排污量（降低污染物浓度，使污染物排放合格），企业及企业周围的大环境质量得到改善，于国家或企业而言都是一种效益，它大大节约了国家或企业用来治理环境的费用。而且，长时间不发生事故的企业，其良好的安全信誉构成了一项宝贵的无形资产，企业商誉价值的提高也能给企业带来实在的效益。

3.3　安全科学与社会科学

3.3.1　科学

科学，是人类活动的一个范畴。它的职能是总结关于客观世界的知识并使之系统化，是人类认识和揭示客观事物的本质及其运动、变化规律的活动过程以及系统的知识体系和理论成果，其最终目的是解释"是什么"或"为什么"的道理。

已故的著名桥梁工程专家、教育学家茅以升教授早在1952年就指出："科学是关于发现真理，运用规律，经过长期积累而成的有组织、有系统的知识，也是对事物观察与分析，用归纳和假设的方法，来建立可验证的客观规律的一门学问。""科学是看不见的，是用文字、图画和符号表达的，其内容包括对自然规律的认识、对自然规律认识过程的系统化、应用规律时的指导。"他还强调："近代所谓科学这个名词有两个意义，一是真理，是科学的本质，可用各种形式表达；二是科学，是科学的形式，只是反映本质的一种方法而已。"我国的《辞海》一书中称科学是关于自然、社会和思维的知识体系。

科学作为独特的社会意识形态是近300年的事，随着社会的发展，科学对人类社会产生越来越大的影响。早在100多年前，马克思首先把科学作为历史的杠杆，将科学看成是最高意义上的革命力量。由于人类在不同历史时期对事物认识的局限以及所处时代的背景不同，所需解决的矛盾各异，历史上形成了自然科学与社会科学两大体系。随着科技进步和社会发展，各门类科学在纵向高度分化的同时，又形成了横向高度综合的趋势，自然科学与社会科学日趋交叉与融合。正如德国物理学家普朗克所说："科学是内在的整体，它被分解为单独的整体不是取决于事物的本身，而是取决于人类认识能力的局限性。实际上，存在着从物理到化学，通过生物学和人类学到社会学的链条，这是任何一处都不能被打断的链条。"这种"合二为一"的科学发展趋势，使科学变得更加完善和系统。这种一体化的科学理论体系才能真正反映出人类发现事物本质而形成的科学真理。

3.3.2　安全科学

要研究安全科学的发展，必须先搞清楚安全术语、安全概念和安全科学之间的关系。在安全概念还没有形成之前，人们已经自发地形成了安全术语。因为危险和安全之间的矛盾始终伴随着人们的生活、生产和生存。在人类社会早期时代，人们还没有能力抓住安全的本质，那时的安全术语比较模糊，但也反映了人们对安全的企盼。随着生产力水平的提高，人们经历了事故高发期，大量的伤亡事故和事故隐患出现在人们面前，等待人们去解决。科学的安全概念就是在这种背景下提出的。但这时候安全科学还不可能被提出来，因为条件还不成熟。只有到了今天，生产力水平比以前有很大的提高，大量的科学技术发展成熟，为安全科学的产生奠定了物质基础和技术基础，安全科学才逐渐形成。因此，安全科学经历了安全术语、安全概念和安全科学等发展阶段。

安全科学是研究人的身心免受外界因素危害的安全状态及保障条件的本质及其变化规律的科学。换言之，安全科学是研究人的身心存在状态（含健康）的本质及其变化规律，找出与其对应的客观因素及其转化条件；研究消除或控制危害因素和转化条件的理论和技术（即解决的方法和途径）；研究安全的本质及其变化规律，建立安全、舒适、高效的人机系统，形成保障人们自身安全的思维方法和知识体系。

安全是以人为对象，以人为主体的。它的存在涵盖了人们生产和生活的各个领域，凡是有人活动的地方，或可能对人产生危害（直接或间接）的地方、时间、空间，都是安全研究的范畴。因此，安全科学主要是研究人与机器和环境之间的相互作用、保障人类生产和生活安全的科学，或者说是研究事故发生、发展规律及其预防的理论体系，是 20 世纪 70 年代后逐步发展起来的一门新兴的交叉学科；其研究的主要内容包括：安全科学的基础理论，如事故致因理论、灾变理论、灾害物理学、灾害化学等；安全科学的应用理论，如安全人机学、安全心理学、安全法学、安全经济学等；安全科学的专业技术，如各类安全工程、职业卫生工程、安全管理工程等。

3.3.3　安全科学的学科体系及其与社会科学的关系

安全科学的地位在学术上应该作为一级学科，一方面表现在它的综合性上，安全科学同环境科学等一样，是以特定的角度和着眼点去改造客观世界的学科，是在改造客观世界的过程中对客观世界及其规律性的再认识；另一方面表现在它的作用上，安全科学的作用是研究人的身心存在运动的状态及其变化规律、安全的本质及运动变化规律，建立起安全、高效、舒适的人机系统，形成保障人们自身安全健康的思维方法和知识体系，以保护人的身心安全和健康为主要目的。

安全科学的学科体系应该是：在自然辩证法的指导下，对安全基础科学层次进行理论研究，为安全学科领域提供理论基础，这就是安全学的任务；在自然科学层次上的是安全工程学，在社会科学层次上的是安全系统学与安全管理学。以上就是对安全科学的学科体系的划分。

因为安全具有自然属性和社会属性，这就决定了研究安全的学科是一门交叉学科。从安全的认识过程和发展过程可以很清楚地知道安全科学与其他相关学科的关系，可以说安全科学是从附属于其他相关学科中发展起来的，从它的命名就可以清楚这种附属关系，例如，电气安全、机械安全、化学安全等；但安全学科又独立于其他相关学科，因为其他相关学科不能研究和解决具有共性的安全规律的科学问题。这就是安全学科与其他相关学科既相互联系又相互独立的辩证关系。

虽然安全科学是一门交叉学科，但自然科学在安全科学中占有主导地位；从思维方法上分析，安全科学研究的问题属于哲理问题，因为研究安全的起点和归宿点始终离不开辩证唯物主义的基本法则。安全科学是以哲学为指南的，一方面综合运用基础科学的理论（包含自然科学中的物理学、化学、材料学等，社会科学中的心理学、教育学、法学、经济学等）来研究自然界的物质运动规律和人类社会的发展及其协调关系；另一方面又结合安全技术的产生及应用实际（如生产安全技术、交通安全技术、环境保护安全技术、消防安全技术等），通过总结历史经验教训，从正反两个方面揭示安全与事故的运动规律和预防、控制事故的规律，确定预防、控制事故的理论和方法并用于指导实践，从本质上对事故进行超前有效地预防和控制，保证人民生命财产的安全和社会稳定，促进社会生产力的高速发展。

3.4　安全法规与法制

安全生产和安全管理工作需要有法可依。安全法规是安全管理工作的依据和准则，使组织和个人在安全生产活动中的行为依法得以规范。我国在长期的安全管理实践中并在借鉴国外先进经验的基础上，确立了安全法规立法、监察制度，形成了一整套的法律体系。

3.4.1　安全法规

3.4.1.1　法规的概念

◆　法规的定义

法是一种调整人与人之间关系的规范体系。所谓规范，是指引导、约束人们行为的、具有一般性的准则。规范并不是针对某一特定的人的具体的行动方式，而是针对某一范围内所有的人，要求其在某种状况下完成一个同样的行为。例如，某一规范规定：禁止欺诈。这一规范禁止的是一个同样的行为——欺诈。无论人们具体以什么方式实施了何种欺诈行为，都是对该规范的违反。规范具有一般性并不意味着规范是空洞的，实际上这种一般性正是从众多的个别事例中概括出来的，具有丰富的内容，而且这种一般性使规范具有了某一具体行为准则所不具有的作用：它能够联合不同的行为主体，使其行为协调一致。当人们依据某规范采取某一行为时，也许不同的人在具体做法上并不完全一致，但他们必须依据该规范的规定。所以说，规范具有统一人们行为的作用，由此，将"法"定义为：法是由国家制定、认可并由国家保证实施的规范体系。它建立在一定的经济基础之上，为一定的经济基础服务，确认、保护社会关系中的秩序性与组织性，是促进社会生产力发展、维护社会秩序和社会关系的行动准则。

◆　法规的作用

法的作用可以分为规范作用与社会作用。这是根据法在社会生活中发挥作用的形式和内容进行的分类。从法是一种社会规范来看，法具有规范作用，规范作用是法作用于社会的特殊形式；从法的本质和目的来看，法又具有社会作用，社会作用是法规范社会关系的目的。

（1）法的规范作用：

法的规范作用可以分为指引、评价、教育、预测和强制五种。

指引作用是指法对人的行为具有引导作用。在这里，行为的主体是每个人自己。对人的行为的指引有两种形式：一种是个别性指引，即通过一个具体的指示形成对具体的人的具体情况的指引；一种是规范性指引，是通过一般的规则对同类的人或行为的指引。个别指引尽管是非常重要的，但就建立和维护稳定的社会关系和社会秩序而言，规范性指引具有更大的意义。法的指引就是一种规范性指引。法律对人的行为的指引通常采用两种方式：一种是确定的指引，即通过设置法律义务，要求人们做出或抑制一定行为，使社会成员明确自己必须从事或不得从事的行为界限；另一种是不确定的指引，又称选择的指引，是指通过宣告法律权利，给人们一定的选择范围。

评价作用是指法律作为一种行为标准，具有判断、衡量人的行为合法与否的评判作用。这里，行为的对象是人。在现代社会，法律已经成为评价人的行为的基本标准。

教育作用是指通过法的实施使法律对一般人的行为产生影响。这种作用又具体表现为示警作用和示范作用。法的教育作用对于提高公民的法律意识，促使公民自觉遵守法律具有重要作用。

预测作用是指凭借法律的存在，可以预先估计到人们相互之间会如何行为。法的预测作用的对象是人们相互之间的行为，包括公民之间、社会组织之间、国家之间、企事业单位之间以及它们相互之间的行为的预测。社会是由人们的交往行为构成的，社会规范的存在就意味着行为预期的存在。而行为的预期是社会秩序的基础，也是社会能够存在下去的主要原因。

强制作用是指法可以通过制裁违法犯罪行为来强制人们遵守法律。在这里，强制作用的对象是违法者。制定法律的目的是让人们遵守，是希望法律的规定能够转化为社会现实。所以，法律必须具有一定的权威性。离开了强制性，法律就失去了权威。

（2）法的社会作用：

法的社会作用是从法的本质和目的这一角度出发确定其作用的，如果说法的规范作用取决于法的特征，那么，法的社会作用就是由法的内容决定的。法的社会作用主要涉及三个领域和两个方向。三个领域即社会经济生活、政治生活、思想文化生活领域；两个方向即政治职能（阶级统治的职能）和社会职能（执行社会公共事务的职能）。从政治职能上看，法的社会作用主要表现为对各种政治关系（或阶级关系）的调整、维护统治秩序和巩固有利于统治阶级的经济基础。从社会职能上看，法的社会作用主要表现在有条不紊地解决社会争端，预防矛盾和冲突的发生，组织社会成员执行社会公共事务，维持社会基本秩序与基本生活条件。法反映着人们的某种价值选择，而这种主观的价值选择背后总是存在着客观的现实依据。例如，推动我国《劳动合同法》出台的一个重要社会现实就是，伴随着经济的高速发展，劳动者权益受到侵害的事例却时有出现，如"血汗"工厂、大规模拖欠工资、严重超时工作、劳动条件恶劣、劳动者健康无保障、劳动者缺乏社会保障、用人单位逃避法律义务等。

◆ 法规的分类

法的渊源主要是指法的效力渊源，即由什么国家机关制定或认可，因而具有什么法律效力或法律地位的法律类别。有时把法的渊源称为法的形式。

一般地，法有以下一些分类：

（1）国内法和国际法。国内法是由特定国家制定并适用于本国主权所及范围内的法律，法律关系主体一般是个人或组织。国际法是由参与国际关系的国家通过协议制定或公认的，适用于国家间的法律，法律关系主体主要是国家。

（2）根本法和普通法。根本法是指宪法，它在一个国家的法律中具有最高法律效力和地位，其内容包括国家的基本制度、公民的基本权利和义务、主要国家机关的组成和职权等根本问题。普通法是指宪法之外的其他法律，法律效力和地位低于宪法，其内容一般是某一方面或某些方面的社会关系。普通法必须符合宪法。

（3）一般法和特别法。一般法是对一般人、一般事在全国均有效的法律；特别法是对特定的人、特定的事、特定地域、特定时间有效的法律。

（4）实体法和程序法。实体法是指规定主要权利和义务的法律；程序法是指保证权利和义务得以实施的程序的法律。

（5）成文法和不成文法。成文法是指由国家机关制定和颁布，以成文形式出现的法律，又称制定法；不成文法是指由国家认可有法律效力的法律，又称习惯法。成文法的形式有规范性文件和准规范性文件两类。

规范性文件通常称为"法规"，其要件包括：由依法有权制定规范性文件的国家机关制定；制定过程符合法定立法程序；具备法律规范的各项构成要素并表现为条文形式；其空间效力在一定范围内具有普遍性；其时间效力在一定时期内具有反复适用性。

3.4.1.2　安全法规的概念

安全法规是法的组成部分。安全法规是指在生产过程中产生的，用来调整劳动者或者生产人员的安全与健康，以及与生产资料和社会财富安全保障有关的各种社会关系的法律规范的总和。我们通常说的安全法规是对有关安全生产的法律、规程、条例、规范的总称。安全法规通过法律形式把调整生产建设过程中人与人之间、人与自然之间的关系具体化、条文化，使人们的行为按某一规范完成，以提高人的行为的可靠性，消除或减少人为失误引起的事故。

3.4.1.3　安全法规的本质和特征

◆　安全法规的本质

（1）安全法规是劳动者意志的体现。安全生产是保证人民幸福、社会安定、经济繁荣的重要前提，安全生产是劳动者自身的第一需要。每个劳动者都希望自己有一个舒适、安全的工作环境。人们在生活中的衣、食、住、行离不开安全；在生产活动中以及在工程设计、科学研究等方面也要讲究安全。为了将劳动者的这些意愿得以实现，国家经过一定的立法程序将其加以规范，并由国家强制力保证执行，形成安全法规。

（2）安全法规是社会关系的调节器。安全法规通过调节社会生产、生活中人与人的关系，特别是人与自然的关系，保证整个社会生产、生活和其他活动所必需的安全环境和正常秩序，使社会作为一个整体协调发展。安全法规有一个显著的特点，就是将调整人类与自然关系的安全技术规范的特定内容移植到法律条文中而具有法律规范的性质。遵守、执行这些安全技术规范是一种法律义务。在工业生产中，有关安全的法规涉及劳动保护法规、安全技术规程、劳动卫生规程、环境保护法规等。

（3）安全法规建立在一定的经济基础之上。安全法规的性质由一定的社会经济基础决定。劳动者的意志不是天生的，也不是为所欲为的主观臆断，而是由人们的物质生活条件、地理环境、人口、生产方式等决定的。其中主要的是生产力和生产关系统一的生产方式。有什么样的生产力状况所决定的生产关系（经济基础），就有什么样的安全法规。离开了一定的物质条件，劳动者的意志无所依托，安全法规也就无法产生。

◆ 安全法规的特征

安全法规的特征是其本质在各个方面的外部表现，是反映安全法规本质的法的现象。

首先，安全法规是一种特殊的社会规范。安全法规规定了人们在某种情况下，可以做什么、应该做什么和禁止做什么。它是具有肯定性的、明确性的规范。向人们提供了非常明确的行为模式、标准和方向。

其次，安全法规是由国家制定或认可的，它具有国家意志性或国家权威性。

再次，安全法规由国家强制力保证实施，用国家的强制力来保证安全法规的实施，这就是安全法规的国家强制性。

3.4.1.4　安全法规的法律关系

安全法规的法律关系就是在安全生产法律规范调整自然人和社会组织之间各种行为的过程中所形成的安全权利、义务关系。它是一种特殊的社会生产关系。安全法规的法律关系必须具有主体、客体和内容三要素。

主体，是指安全法规的法律关系的参加者，也就是在安全法律关系中享有权利并承担义务的人。法律上所称的"人"主要包括自然人和法人。自然人是指有生命并且具有法律人格的人，包括公民、外国人和无国籍人。法人是指具有法律人格，能够以自己的名义享有权利或者承担义务的组织。

客体，是指安全法规的法律关系主体的权利和义务所指的对象。如果没有客体，权利和义务就失去了目标，成为无实际内容、不能落实的东西。客体主要包括物、行为（作为和不作为）、智力成果和人身利益（人格利益和身份利益）。

内容，是指安全法规的法律关系主体所享有的权利和承担的义务。

3.4.1.5　安全立法的必要性

当前，我国处在新的历史发展时期，在新常态下安全生产工作面临着许多新情况、新问题和新特点，要求安全生产监督管理工作充分运用法律手段，安全立法是解决安全生产有法可依的首要问题。有了安全立法，就可以使安全工作有法可依、有章可循、有制度可遵守。违反这些法规的企业或个人，都要受到国家法律的制裁或处分。这样，就可以使安全工作做到法制化、制度化、规范化，从而有效地保证企业安全生产。

◆ 加强安全立法是促进安全生产有法可依的需要

生产过程中的事故，不仅造成人员伤亡和财产损失，而且影响经济发展和社会稳定。安全生产法规反映了保护生产正常进行、保护劳动者安全健康所必须遵循的客观规律，对企业搞好安全生产工作提出了明确要求。同时，由于它是一种法律规范，具有法律约束力，要求人人都要遵守，这样，它对整个安全生产工作的开展起到了用国家强制力推行的作用。各级安全监管部门要履行对各行业、各部门的安全生产工作进行综合监管和执法的职能，首先就要明确各级安全生产综合监管部门的法律地位、监管职责，其次是必须使他们的执法手段有法可依。

◆　加强安全立法是提高安全生产及安全管理意识的需要

在经济快速发展的过程中，安全不再是局部的、个别的问题，而是社会经济发展和文明程度的重要标志。

一方面，安全生产法规是加强安全生产法制化管理的章程，很多重要的安全生产法规都明确规定了需要加强安全生产管理的各个方面的职责，这推动了各级领导，特别是企业领导对劳动保护工作的重视，把这项工作摆上领导和其他管理人员的议事日程。

另一方面，实现安全生产，必须通过宣传教育、培训、监管和执法等活动，增强全体公民的安全法律意识。《中华人民共和国安全生产法》赋予公民在安全生产方面有参与权、知情权、避险权、检控权、求偿权和诉讼权，其目的不仅在于维护他们的合法权益，还在于促使他们在各项生产经营活动中重视安全、保证安全、自觉遵守安全生产法律、法规，养成自我保护、关心他人和保障安全的意识，协助政府有关部门查堵不安全漏洞，同安全生产违法行为做斗争，使关心、支持、参与安全生产工作成为每个公民的自觉行动。

◆　加强安全立法是为劳动者安全健康提供法律保障的需要

人既是各类安全生产经营活动的主体，又是安全生产事故的受害者和责任者。只有充分重视和发挥人在生产经营活动中的主观能动性，最大限度地提高从业人员的安全素质，才能把不安全因素和事故隐患降到最低限度，预防和减少人身伤亡。这是社会进步与法制进步的客观要求。多年来的安全生产工作实践表明，要切实维护劳动者安全健康的合法权益，单靠思想政治教育和行政管理是不行的，这不仅需要制定出各种保证安全生产的措施，而且要强制执行，必须做到人人都遵守规章，要用国家强制力来迫使人们按照科学办事，尊重自然规律、经济规律和生产规律，尊重群众，保证劳动者得到符合安全卫生要求的劳动条件。

◆　加强安全立法是依法制裁安全生产违法犯罪行为的需要

制定法律的目的之一，是通过制裁少数人的违法犯罪行为来保护多数人的利益。当前，我国安全生产中出现的诸多违法犯罪行为之所以屡禁不止，其症结就在于我国缺少对安全生产违法犯罪行为的法律界定、法律责任以及惩治的依据。制定《安全生产法》，其目的之一便是设定明确、具体、严厉的法律责任，填补法律追究的空白，做到有法可依、违法必究、执法必严。

3.4.2　安全法制

安全法制包括安全法规的立法、安全监察机构的定位与建设。

3.4.2.1　安全法规的立法

安全法规的立法就是依据中华人民共和国宪法，按照一定的立法程序所进行的一系列工作。安全法规立法的主要内容有：

（1）国家和政府对劳动保护和安全生产的基本方针、政策和原则。

（2）各有关部门直到厂矿企业领导和职工对劳动保护和安全生产所应有的责任、权力和利益。责任，包括遵守执行劳动保护和安全法规，采取预防为主的措施，接受上级有关部门的监督检查；权力，包括有权拒绝违反劳动保护和安全法规的瞎指挥，要求上级有关部门的安全监察人员到厂矿进行检查等；利益，包括对劳动保护和安全生产做出贡献的人员，根据其贡献的大小应受到国家有关部门和厂矿企业的奖励。

（3）安全技术、工业卫生和其他有关劳动保护和安全技术的要求和系列标准，新建、扩建厂矿企业和引进新技术的劳动保护和安全技术要求。

（4）厂矿企业改善劳动条件和安全装备的经费、渠道和筹款。

（5）职工进行安全技术培训的要求、标准和考核制度。

（6）工伤事故的调查、分析和统计呈报程序以及工伤事故的诊断标准。

（7）对违反劳动保护和安全法规发生事故的处理程序和处罚规定。

（8）厂矿企业中安全管理机构的设置、管理和人员的配置及其纵横关系，厂矿企业接受上级安全监察部门检查的有关规定。

（9）对事故的救护、工伤事故的医疗制度、个人安全防护用品标准以及劳动保护和安全管理的科学研究等方面的规定。

劳动保护和安全管理的立法内容将随着经济的发展、科学的进步而不断扩展、更新。

3.4.2.2 安全监察机构的定位与建设

劳动保护和安全管理立法的另一重要方面，就是安全监察机构的定位与建设。

我国企业安全管理的体制是：实行国家安全监察、行业安全管理、群众安全监督相结合。根据这一原则，设立国家、地方的安全监察机构，并向有关行业企业派驻安全监察机构或安全监察员。

国家安全监察是企业生产发展到一定阶段的必然产物，是保证企业安全生产的法律保障。安全监察具有国家监督、外部监督、法律监督和专业监督四种基本属性。

（1）国家监督。国家安全监督就是在国家赋予的职权范围内，监督企业及其主管部门贯彻执行安全生产方针和安全法规。

（2）外部监督。国家安全监察机构或人员与被监督的企业必须无隶属关系和直接的利害冲突，这在形式上表现为外部监督。

（3）法律监督。国家安全监察的性质、职权和任务是由国家法律规范所确定的。

（4）专业监督。按照国家安全监察的职权，对企业生产的关键环节和技术实行专门监督。

3.4.3 安全管理制度

重视和加强安全生产的制度建设，是安全生产和劳动保护法制的重要内容。我国安全生产的基本方针是"安全第一，预防为主"。"安全第一"是安全生产方针的基础，是处理安全工作与其他工作关系的重要原则和总的要求；"预防为主"是安全生产方针的核心和具体体现，是实施安全生产的根本途径。我国现在实行的是"国家监察、行业管理、企业负责、群众监督、劳动者遵章守纪"的安全管理体制。具体的安全管理制度有以下九个方面。

◆ 安全生产责任制

安全生产责任制是明确各级各部门和个人在生产过程中应负的安全责任的规定。经过多年的劳动保护工作实践，安全生产责任制得到了进一步的完善和补充，在国家相继颁布的《企业法》《环境保护法》《矿山安全法》《煤炭法》《职业病防治法》等多项法律、法规中，安全生产责任制都被列为重要条款，成为国家安全生产管理工作的基本内容。

◆ 安全生产检查制度

多年的安全生产工作实践，使群众性的安全生产检查逐步成为劳动保护管理的重要制度之一，在实施这一制度时，应对安全检查的范围、内容、时间、方法、组织领导以及对检查出来的问题如何处理等做出规定。1980 年 4 月，经国务院批准，把每年五月份定为"安全月"，以推动安全生产和文明生产，并使之经常化、制度化。

◆ 工伤保险制度

工伤保险也称职业伤害保险，是对劳动过程中遭受人身伤害（包括事故伤残和职业病以及因这两种情况造成的死亡）的职工、家属提供经济补偿的一种社会保险制度。目前我国的工伤保险制度，贯彻了工伤保险与事故预防相结合的指导思想和改革思路，把过去企业自管的被动的工伤补偿制度改革成社会化管理的工伤预防、工伤补偿、职业康复三项有机结合的新型工伤保险制度。

◆ 安全教育制度

安全教育包括思想政治教育、劳动纪律教育、法制教育、安全技术训练以及典型经验和事故教训教育等。在实施这一制度时，应对企业各级干部、各工种工人进行安全教育的目的、内容、课时、教育方法等做出具体、明确的规定。

◆ 伤亡事故报告处理制度

已发生的伤亡事故，按规定及时报告、妥善处理和进行调查、统计分析事故情况，从中找出发生事故的原因及其规律，总结教训。

◆ 安全生产监督制度

国家安全生产监督制度体系，由国家安全生产监督法规制度、监督组织机构和监督工作实践构成。这一体系还与企、事业单位及其主管部门的内部监督、工会组织的群众监督相结合。

◆ 安全生产技术与措施计划

通过编制和实施安全技术措施计划，可以把改善企业劳动条件的工作纳入国家和企业计划之中，有步骤地解决安全技术中的重大问题，特别是一些关键性的项目，应从设计、制造、革新或采用新技术入手，在根本上改善劳动条件。相关法规同时规定了对"未按照规定提取或使用安全技术措施专项经费"的惩罚规则。

◆ 建设工程项目的安全卫生规范

"三同时"制度是保证建设工程项目落实"安全第一，预防为主" 的安全生产方针的最有力措施。"三同时"是指生产性基本建设和技术改造项目中的职业安全卫生设施必须符合国家标准，应与主体工程同时设计、同时施工、同时验收和投产使用。

◆ 注册安全工程师执业资格制度

2002 年国家人事部、国家安全生产监督管理局颁布了《注册安全工程师执业资格制度暂行规定》和《注册安全工程师执业资格认定办法》，从而推行了我国的注册安全工程师执业资格制度，这一制度的实施对提高我国安全专业人员的专业素质水平发挥了重要作用。

3.4.4 我国的安全生产法律体系

安全生产法律体系是指调整生产经营活动中所产生的同安全生产有关的各种社会关系

的法律规范的总称，是一个包含多个层次立法、多种法律制度和多项法律规范内容的综合性体系。

3.4.4.1　我国安全生产法律体系的特征

第一，安全生产法律规范的调整对象和阶级意志具有统一性。安全生产法律规范是为巩固社会主义经济基础和上层建筑服务的，它是工人阶级乃至国家意志的反映，是由人民民主专政的政权性质所决定的。生产经营活动中所发生的各种社会关系，需要通过一系列的法律规范加以调整。不论安全生产法律规范有何种内容和形式，它们所调整的安全生产领域的社会关系都要统一服从和服务于社会主义的生产关系、阶级关系，紧密围绕着保障人民生命和财产安全、预防和减少生产安全事故、促进经济发展这一目的。

第二，安全生产法律规范的内容和形式具有多样性。安全生产贯穿于生产经营活动的各个行业、领域，各种社会关系非常复杂。这就需要针对不同生产经营单位的不同特点，针对各种突出的安全生产问题，制定各种内容不同、形式不同的安全生产法律规范，调整各级人民政府、各类生产经营单位、公民之间在安全生产领域中产生的社会关系。这个特点就决定了安全生产立法的内容和形式又是各不相同的，它们所反映和解决的问题是不同的。

第三，安全生产法律规范的相互关系具有系统性。安全生产法律体系从具体的法律规范上看，它是单个的；从法律体系上看，各个法律规范又是母体系不可分割的组成部分。安全生产法律规范的层级、内容和形式虽然有所不同，但是它们之间存在着相互依存、相互联系、相互衔接、相互协调的辩证统一关系。

3.4.4.2　我国安全生产法律体系的框架

安全生产法律体系是涉及所有安全生产法律规范的体系，按法律地位及效力等级划分，主要是以宪法为立法根据，以安全基本法及专门法律为主体，以行政法规、地方法规、部门规章、法定安全标准等为补充，包含我国加入的有关国际公约在内的多层次的架构。

◆　宪法

在我国现行宪法关于国家政治制度和经济制度的规定中，特别是关于公民基本权利和义务的规定中，许多条文直接涉及安全生产和劳动保护问题。这些规定既是安全法规制定的最高法律依据，又是安全法规的一种表现形式。

《中华人民共和国宪法》有关安全生产的规定如下：

总纲第一条明确指出："中华人民共和国是工人阶级领导的，以工农联盟为基础的人民民主专政的社会主义国家。"这一规定决定了我国的社会主义制度是保护以工人、农民为主体的劳动者的。在《宪法》中又规定了相应的权利和义务。

第四十二条规定："中华人民共和国公民有劳动的权利和义务。"国家通过各种途径，创造劳动就业条件，加强劳动保护，改善劳动条件，并在发展生产的基础上，提高劳动报酬和福利待遇。

劳动是一切有劳动能力的公民的光荣职责，国家企业和城乡集体经济组织的劳动者都应当以国家主人翁的态度对待自己的劳动，国家提倡社会主义劳动竞赛，奖励劳动模范和先进工作者。国家提倡公民从事义务劳动。

国家对就业前的公民进行必要的劳动就业训练。

第四十三条规定："中华人民共和国劳动者有休息的权利。国家发展劳动者休息和休养的设施，规定职工的工作时间和休假制度"。

第四十八条规定："……国家保护妇女的权利和利益……"。

《宪法》的这些条款是我国安全生产方面工作的原则性规定。

◆　法律

安全生产法律可以分为以下 3 种：

（1）基本法律。安全生产基本法律，是指调整基本安全生产关系、解决各行各业（领域）共性问题的法律。安全生产基本法律只有一部，即《中华人民共和国安全生产法》，在我国安全生产法律体系中居于最高位阶，具有最高的法律效力，对其他下位法具有规制作用，是我国安全生产法律体系的主体法律和核心，是我国制定相关安全生产专项法律的依据。它所确定的方针原则和基本法律制度普遍适用于所有生产经营单位。

（2）单行法律。单行法律亦称专门法律或者特别法律，是指专门调整某一行业或者专业领域特殊安全关系的法律。我国安全生产单行法律有《中华人民共和国矿山安全法》《中华人民共和国道路交通安全法》《中华人民共和国消防法》《中华人民共和国海上交通安全法》等。

（3）相关法律。与安全生产相关的法律，是指在安全生产专门法律以外的其他法律中含有安全生产内容的法律，主要包括以下 3 类：

第一类，相关行业法律，包括《中华人民共和国煤炭法》《中华人民共和国矿产资源法》《中华人民共和国建筑法》《中华人民共和国铁路法》《中华人民共和国民用航空法》等。

第二类，相关专业法律，包括《中华人民共和国劳动法》《中华人民共和国职业病防治法》等。

第三类，与安全生产监督执法相关的法律，包括《中华人民共和国刑法》《中华人民共和国刑法修正案（六）》《中华人民共和国刑事诉讼法》《中华人民共和国行政监察法》《中华人民共和国行政许可法》《中华人民共和国行政处罚法》《中华人民共和国行政复议法》《中华人民共和国国家赔偿法》《中华人民共和国标准化法》和《中华人民共和国工会法》等。

◆　行政法规

安全生产行政法规，是指由最高国家机关的执行机关——国务院组织制定并批准公布的，为实施安全生产法律或者规范安全生产监督管理制度而制定并颁布的一系列规范性法律文件，是各级人民政府及其负有安全生产监督管理职责的部门实施安全生产监督管理、监察工作的重要法律依据。其法律地位和效力低于宪法和基本法但是高于地方性法规、经济特区法规、民族自治区法规和部门规章、地方政府规章。我国现行的安全生产行政法规主要包括以下 9 类：

（1）综合类。包括《安全生产许可证条例》《生产安全事故报告和调查处理条例》《国务院关于特大安全事故行政责任追究的规定》。

（2）煤矿安全类。包括《煤矿安全监察条例》《国务院关于预防煤矿生产安全事故的特别规定》。

（3）非煤矿矿山安全类。包括《矿山安全法实施条例》《石油天然气管道保护条例》。

（4）危险化学品安全类。包括《危险化学品安全管理条例》《使用有毒物品作业场所劳动保护条例》和《易制毒化学品管理条例》等。

（5）烟花爆竹安全类。包括《烟花爆竹安全管理条例》。

（6）民用爆破器材安全类。包括《民用爆炸物品安全管理条例》。

（7）建设工程安全类。包括《建设工程安全生产管理条例》。

（8）交通运输安全类。包括《道路交通安全法实施条例》《铁路交通事故应急救援和调查处理条例》。

（9）其他安全类。包括《大型群众性活动安全管理条例》《电力监管条例》《水库大坝安全管理条例》。

在国务院颁布的各项安全生产行政法规中，比较重要和基础性的是"三大规程"和"五项规定"。"三大规程"即《工厂安全卫生规程》《建筑安装工程安全技术规程》《企业职工伤亡事故报告和处理规定》。"五项规定"是指安全生产责任制、安全技术措施计划、安全生产教育、安全生产定期检查、伤亡事故的调查和处理。

◆ 地方性法规

目前全国已有30个省、自治区、直辖市人大常委会制定了本地方的安全生产地方性法规。

地方性法规有两类：一类是部门法律体系的下位法，目前全国除青海省以外的省、自治区和直辖市人大常委会都依照《安全生产法》制定了综合性的地方性法规。全国第一部安全生产部门法律体系的下位法是于2003年1月1日施行的《广东省安全生产条例》。另一类是具有地方特点、专门解决特殊安全生产问题的特殊性的地方性法规，如《山西省煤炭资源开发管理条例》《山东省燃气管理条例》等。

为搞好本地的安全生产工作，各省（市）、自治区、直辖市的人大常委会和人民政府制定颁布了一系列安全生产地方性法规和地方政府规章，这些地方性法规和规章通常是为落实和贯彻国家在安全生产方面的有关重大决策而制定颁布的，特别是在《中华人民共和国安全生产法》颁布实施以后，全国各地依照国务院《关于进一步加强安全生产工作的决定》中所确定的原则，结合本地区的实际，陆续制定了与《中华人民共和国安全生产法》相配套的地方性安全生产法规、部门规章等，细化了《中华人民共和国安全生产法》的原则性规定。

◆ 规章

安全生产规章分为部门规章和地方政府规章。

部门安全生产规章是国务院有关部门为加强安全生产工作而制定的规范性文件，从部门（行业）的角度可划分为交通运输业、化学工业、石油工业、机械工业、电子工业、冶金工业、电力工业、建筑业、建材工业、航空航天业、船舶工业、轻纺工业、煤炭工业、地质勘查业、农村和乡镇工业、技术装备与统计工作、安全评价与竣工验收、劳动保护用品、培训教育、事故调查与处理、职业危害、特种设备、防火防爆和其他部门等。现行的综合性部门规章有《特种作业人员安全技术培训考核管理办法》《安全生产行政复议规定》《安全生产领域违法违纪行为政纪处分暂行规定》《安全生产违法行为行政处罚办法》《注册安全工程师管理规定》《安全评价机构管理规定》《安全生产行业标准管理规定》《安全生产监督罚款管理暂行办法》《安全生产培训管理办法》《生产经营单位安全培训规定》《劳动防护用品监督管理规定》等。

部门安全生产规章作为安全生产法律法规的重要补充，在我国安全生产监督管理工作中起着十分重要的作用。现行的安全生产部门规章，主要是近十年来按照国务院的分工分别由安全生产综合监管部门和专项监管部门制定和修订的，主要有10类：

（1）煤矿安全类，如《煤矿企业安全生产许可证实施办法》《煤矿安全规程》《防治煤与瓦斯突出规定》等。

（2）非煤矿矿山安全类，如《尾矿库安全监督管理规定》《海洋石油安全生产规定》等。

（3）危险化学品安全类，如《危险化学品建设项目安全许可实施办法》《危险化学品生产企业安全生产许可证实施办法》等。

（4）烟花爆竹安全类，如《烟花爆竹生产企业安全生产许可证实施办法》《烟花爆竹经营许可实施办法》等。

（5）民用爆破器材安全类，如《民用爆炸物品销售许可实施办法》《民用爆炸物品生产许可实施办法》等。

（6）建设工程安全类，如《建筑施工企业安全生产许可证管理规定》《建筑工程施工许可管理办法》等。

（7）交通运输安全类，如《游艇安全管理规定》《道路交通事故处理程序规定》等。

（8）公众安全类，如《游乐园管理规定》《公共娱乐场所消防安全管理规定》等。

（9）特种设备安全类，如《特种设备质量监督与安全监察规定》《安全技术防范产品管理办法》等。

（10）其他安全生产类，如《电力安全生产监管办法》《城市燃气安全管理规定》等。

地方政府安全生产规章是最低层级的安全生产立法，其法律地位和法律效力低于其他上位法，不得与上位法相抵触。依照国家法和地方性法规的规定，全国各省、自治区和直辖市政府都制定了一系列政府规章，使国家法与地方性法规的重要法律规定得以实施。例如，山东省为落实《安全生产法》，加快了配套法规的制定工作，省政府先后发布实施了《山东省安全生产监督管理规定》《山东省重特大生产安全事故隐患排查治理办法》等多部安全生产综合性的政府规章。又如，山西省为贯彻实施《安全生产法》，制定了《山西省安全生产监督管理办法》。河南省为落实安全生产法，相继出台了《河南省安全生产条例》《河南省消防安全责任制》《河南省农村消防工作规定》等地方法规。安徽省制定了《安徽省重大特大事故隐患监督管理办法》和《安徽省安全生产事故调查处理及行政责任追究暂行规定》等。北京、湖北、四川、青海、西藏、福建等省、（市、区）也都出台了重大安全事故行政责任追究的规定或者办法，加大了安全生产事故责任的追究力度，各地也都根据本地区的安全工作重点制定了相应的地方法规。在《安全生产许可证条例》和煤矿、非煤矿山、危险化学品、烟花爆竹企业安全生产许可证实施办法出台后，我国很多省（自治区、直辖市）也都结合本地区的实际情况，制定了相应的实施细则。

◆ 法定安全标准

法定的安全生产标准，包括国家标准和行业标准。国家标准由国家标准化委员会依照《中华人民共和国标准化法》制定的在全国范围内适用的安全生产技术规范。行业标准由国务院有关部门和直属机构依照《中华人民共和国标准化法》制定的在安全生产领域适用的安全生产技术规范。国家标准和行业标准中的绝大多数是针对特殊、具体的安全生产问题制定的。

中华人民共和国成立60多年来，我国安全生产标准化工作发展迅速。据不完全统计，国家及各行业颁布了涉及安全的国家标准近1 500项，各类行业标准也在几千项以上。我国安全生产方面的国家标准或者行业标准均属于法定安全生产标准，或者说属于具有法定强制力的安全生产标准。例如，我国《安全生产法》有关条款明确要求生产经营单位必须执行安全生产国家标准或者行业标准，通过法律的规定赋予了国家标准和行业标准强制执行的效力。

此外，我国许多安全生产立法还直接将一些重要的安全生产标准规定在法律法规中，使之上升为安全生产法律、法规中的条款。因此，我国安全生产国家标准和行业标准虽然与安全生产立法有所区别，但在一定意义上也可以被视为我国安全生产法律体系的一个重要组成部分。当然，安全生产标准的基本内容属于技术规范的范畴。

将安全生产标准纳入安全生产法律体系的重要组成部分，是贯彻实施安全生产立法的重要手段和技术支撑，安全生产标准法制化是我国安全生产立法的趋势，政府有关部门相继采取了一系列措施加强安全生产标准化工作，在预防生产安全事故方面发挥了重要作用，取得了明显成效。

近几年来，在国家标准化管理委员会（以下简称"国家标准委"）的领导和支持下，经过国务院各有关部门、标准化技术委员会和行业协会的共同努力，我国制定了一大批涉及安全生产方面的国家标准，基本涵盖了所有生产领域和作业场所。经国家标准化管理委员会2004年5月20日批准，安全生产行业标准第一次有了专门的标准代号AQ。为了规范安全生产行业标准工作，国家安全生产监督管理总局组织制定了《安全生产行业标准管理规定》和《安全生产标准制修订工作细则》。截至2009年底，我国已发布安全生产行业标准数百项。

在国家标准委的指导下，国家安全生产监管总局组建了全国安全生产标准化技术委员会和煤矿安全、非煤矿山安全、化学品安全、烟花爆竹安全四个分技术委员会，同时对原全国粉尘防爆、涂装作业和防尘防毒三个标准化技术委员会进行调整，充实有关人员，组成技术委员会，初步形成了安全生产标准化工作体系。结合安全生产"十一五"发展规划，初步制定了安全生产标准工作中长期发展目标和保障措施。我国现行安全生产国家标准涉及设计、管理、方法、技术、检测检验、职业健康和个体防护用品等多个方面。

近几年来，国家安全生产监管总局除配合国家标准委完成了《金属非金属矿山安全规程》《爆破安全规程》《矿山安全术语》《矿山安全标志》等十多个国家标准的制定、修订工作外，还制定下发了《炼钢安全规程》《炼铁安全规程》《地质勘查安全规程》《汽车加油（气）站、轻质燃油和液化石油气汽车罐车用阻隔防爆储罐技术要求》《危险化学品汽车运输安全监控系统通用规范》《选煤厂安全规程》《尾矿库安全技术规程》等20多个安全生产行业标准，对规范中小私营企业从事炼铁、炼钢活动，危险化学品运输、选煤厂生产等活动，起到了积极作用。

建设部自2003年以来，颁布实施了《施工企业安全生产评价标准》《建筑施工现场环境与卫生标准》和《建筑拆除工程安全技术规范》等建设工程安全标准。这一系列标准规范的出台，对加强建筑工程安全生产管理工作起到了重要作用。目前，建设部正在制定《建筑工程施工安全标准体系》，拟对基础标准、通用标准、专用标准等各个层面的建筑工程施工安全标准制定工作进行统一规划。

石油工业标准化技术委员会根据中国石油天然气集团公司安全生产委员会的要求，在总结"12·23"开县特大井喷事故教训、对现行行业标准进行清理的基础上，参照国外先进标准对一些原有标准进行了制定和修改工作。在油气行业，我国已经颁布实施的标准有《含硫化氢油气井安全钻井推荐做法》《含硫化氢的油气生产和天然气处理装置作业推荐做法》《含硫油气田硫化氢监测与人身安全防护规程》《含硫化氢油气井井下作业推荐做法》《钻井井控技术规程》等。这些行业标准的实施，对于提高我国钻井和井下作业工程质量、保证安全生产具有重要作用。

◆ 国际法律文件

国际法律文件主要是指国际劳工公约。凡是我国政府批准加入的国际劳工公约，除了我国声明保留的条款外，我国应该保证实施。我国政府自1936年批准了第一个国际劳工公约《确定准许儿童在海上工作的最低年龄公约》开始，至今我国政府已批准的国际劳工公约已达20多个。

3.4.5 《中华人民共和国安全生产法》

3.4.5.1 《安全生产法》的立法过程

《中华人民共和国安全生产法》（以下简称《安全生产法》）从提出立法建议到出台，前后历时21年。1981年3月经国务院批准，由原国家劳动总局牵头起草《劳动保护法（草案）》，于1987年上报国务院。在其后的修改过程中，将《劳动保护法（草案）》改名为《劳动安全卫生条例（草案）》。1994年原劳动部决定组织起草《安全生产法》，1996年4月将《安全生产法（草案）》《劳动安全卫生条例（草案）》和《职业病防治条例（草案）》合并为《劳动安全卫生法（草案）》。

1998年，国务院机构改革，国家经贸委承担了安全生产综合监督管理职能，职业卫生管理工作划入卫生部（2013年改为国家卫生和计划生育委员会，现为中华人民共和国医疗保障局）。为此，《劳动安全卫生法》分为《职业病防治法》和《职业安全法》。

作为国务院主管安全生产监督管理的职能部门，国家经贸委高度重视职业安全立法工作，在原劳动部工作的基础上，继续组织起草《职业安全法（草案）》，并广泛征求各省（市、区）人民政府和国务院有关部门的意见，于1999年12月21日报国务院审查。

2000年，我国再次频繁发生多起特大事故，引起了社会各界对安全生产工作的关注，许多人大代表再次呼吁尽快出台《安全生产法》，加强对安全生产的监督管理工作。国务院法制办在审议《职业安全法》时也认为应扩大实施范围，加大企业责任，加大处罚力度，于是将《职业安全法》更名为《安全生产法》，将该法列入国务院2001年立法计划。2001年初，国家安全生产监督管理局挂牌成立，负责组织《安全生产法》的起草工作，聘请了6位知名法律专家和安全专家，经过近20次反复修改，形成了《安全生产法（草案）》，提交国务院常务会议审议。2001年11月21日，《安全生产法（草案）》经第48次国务院常务会议审议通过，报全国人大常委会审议。

2001年12月24日，全国人大常委会第二十五次会议第一次审议《安全生产法（草案）》，会后在多次进行调研和征求意见的基础上对《安全生产法（草案）》做了进一步修改。2002年4月24日，全国人大常委会第二十七次会议再次审议了《安全生产法（草案）》，2002年6月24日，全国人大常委会第二十八次会议第三次审议《安全生产法（草案）》，在2002年6月29日，常委会以118票赞成、1票反对、2票弃权的绝对优势通过《中华人民共和国安全生产法》，同一天江泽民主席签署第70号主席令，予以公布，自2002年11月1日起施行。

《安全生产法》颁布后，2009年8月27日第十一届全国人民代表大会常务委员会第十次会议通过的《全国人民代表大会常务委员会关于修改部分法律的决定》将该法第九十四条"治安管理处罚条例"修改为"治安管理处罚法"。

全国人大常委会2014年8月31日表决通过关于修改《安全生产法》的决定。新《安全生产法》（以下简称《新法》）认真贯彻落实习近平总书记关于安全生产工作一系列重要指示精神，从强化安全生产工作的定位、进一步落实生产经营单位主体责任，政府安全监管定位和加强基层执法力量、强化安全生产责任追究等四个方面入手，着眼于安全生产现实问题和发展要求，补充完善了相关法律制度规定。《新法》提出安全生产工作应当以人为本；确立了"安全第一、预防为主、综合治理"的安全生产工作"十二字方针"；强化了"管行业必须管安全、管业务必须管安全、管生产经营必须管安全"的"三个必须"，明确了安全监管部门的执法地位；明确了乡镇人民政府以及街道办事处、开发区管理机构的安全生产职责；进一步明确了生产经营单位的安全生产主体责任；把加强事前预防、强化隐患排查治理作为一项重要内容；建立安全生产标准化制度；推行注册安全工程师制度；推进安全生产责任保险制度；加大了对安全生产违法行为的责任追究力度。

3.4.5.2 《安全生产法》的性质

科学地对我国《安全生产法》进行定性、定位，不仅关系到对《安全生产法》本身的学习研究和贯彻实施，还关系到如何认识它与相关法律的关系并且正确适用的问题。因此，我们必须从全方位、多角度去研究和把握。就安全生产立法在我国社会主义法律体系中的地位、作用、调整范围及其与相关法的关系而言，《安全生产法》的性质呈现出多重性，可以从不同方面去研究和把握其法律性质。

◆《安全生产法》具有公法和私法的性质

从法理上说，公法是确定公共利益、公权力、公共关系的法，私法是确定个人利益、个人权利、个人关系的法。我国许多法都具有公性、私性的混合性质。

一方面，《安全生产法》规定以国家行政权力干预企业的安全管理，要求保护从业人员的生命和健康，这是公法性规定。另一方面，《安全生产法》还规定从业人员有拒绝违章指挥、强令冒险作业的权利，有紧急撤离、避险的权利，有获得工伤保险补偿和损害赔偿的权利等，这些都是私法性规定。可见，《安全生产法》具有公法和私法的双重性质。当然，我们不能简单地说《安全生产法》是公法或是私法，也不能简单地说它是行政法或是经济法。

◆《安全生产法》具有特别法的性质

在国家整体法律体系中，《安全生产法》仅仅是作为调整安全生产关系的部门法之一。与《中华人民共和国宪法》和《中华人民共和国行政法》《中华人民共和国民法》《中华人民共和国刑法》等根本法和基本法相对应，《安全生产法》的调整范围、调整对象、调整方式和内部体系结构都是特殊的社会关系，可以说该法是专门调整安全生产关系的特别法。《安全生产法》正是基于我国国情，对安全关系中最重要的安全生产关系实行最全面的法律调整。它所调整的安全生产关系，都是当前我国安全生产领域内最为基本、最为重要的社会关系，因而可以说《安全生产法》是我国社会主义法律体系中最为重要的安全生产法律。例如，《宪法》关于保护人民群众生命财产安全的法律原则规定就具有根本法的性质，只有通过《安全生产法》对那些特定的安全关系、特定主体、特定事件、特定空间、特定行为（生产经营活动）实施具体的法律调整，才能将《宪法》的原则体现并落实在安全生产领域。

◆《安全生产法》具有专业法的性质

《安全生产法》之所以具有特别法的性质，除了其调整对象的特殊性之外，还有很重要的一点就是它还具有专业法的性质。无论《安全生产法》的调整范围多么广泛，也无论安全关系多么复杂，只要是安全生产的基本问题，都属于《安全生产法》的调整范围。这是因为《安全生产法》具有极为鲜明的行业、领域乃至专业的特点。

《安全生产法》不仅调整人与人之间的社会关系，而且调整人与自然的关系。解决安全生产问题必须遵循客观规律，需要进行科学化、人性化、专业化的管理，采用先进可靠的安全科学技术。解决不同行业、不同企业的安全生产问题，涉及许多社会科学和自然科学的专业领域的专业技术、管理方式方法和科学技术手段、措施等。它们是《安全生产法》的科学基础、人文学基础和专业基础，并且体现在安全生产法律规范之中，使其具有更强的专业性，由此形成了独立的安全生产法律体系。

◆《安全生产法》具有一般法和特别法的性质

一般与特殊是相对而言的，两者对应的前提和对象不同，一般与特殊的内涵与外延也不同。在我国安全生产法律体系内部，也有一般（基本）安全生产法与特别安全生产法两种不同性质的安全生产法律规范。一般（基本）安全生产法是调整共性、普遍性、综合性的安全关系的安全生产法，它的基本任务是将国家关于安全生产的方针政策、原则、基本法律制度和主要法律规范固定化、规范化，借以调整一般（基本）安全关系，解决重大安全生产问题。作为一个独立部门法的安全生产法，只能有一部一般（基本）安全生产法，而《安全生产法》就是我国唯一的安全生产基本法。这种对安全生产实行全方位、全过程的法律调整，使《安全生产法》具有国家法律体系中的特别法和安全生产法律体系中的一般法的双重性质。

特别安全生产法是解决某些行业、领域存在的特殊、具体的安全关系的安全生产法。它的任务是根据安全生产基本法确定的方针政策、原则和基本法律制度，借以调整特殊的安全关系，具体解决某些行业、领域的特殊安全生产问题。《矿山安全法》《煤矿安全监察条例》《建设工程安全生产管理条例》《危险化学品安全管理条例》等，都是特别安全生产法。

根据上位法优于下位法、特别法优于普通法、后法优于前法的法的适用原则，必须正确认识和处理《安全生产法》与特别法之间的关系。我国《安全生产法》第二条规定："在中华人民共和国领域内从事生产经营活动的单位（以下统称生产经营单位）的安全生产，适用本法；有关法律、行政法规对消防安全和道路交通安全、铁路交通安全、水上交通安全、民用航空安全以及核与辐射安全、特种设备安全另有规定的，适用其规定。"对这种有限排除适用的特殊规定，是指《安全生产法》的基本法律规范是普遍适用的。对特殊法律问题已有规定的，不适用《安全生产法》；没有规定的，适用《安全生产法》。今后制定和修订有关消防安全和道路交通安全、铁路交通安全、水上交通安全、民用航空安全以及核与辐射安全、特种设备安全的法律、行政法规时，也要符合《安全生产法》确定的基本方针原则、法律制度和法律规范，不应抵触。

◆《安全生产法》具有实体法和程序法的性质

法不仅要有设定权利、义务的实体性规定，还要有相应的程序性规定。《安全生产法》既有实体性规定，也有程序性规定。比如，《安全生产法》规定劳动合同应当有保障从业人员劳动安全、防止职业危害、办理工伤社会保险的事项，从业人员有了解危险因素、防范措施、应急措施的权利等，都是实体性规定。又如，国务院依照《安全生产法》制定的《生产安全事故报告和调查处理条例》规定了生产安全事故报告和调查处理的程序，事故单位负责人接到报告后应当于 1 小时内报告相关政府部门，事故调查组应当自事故发生之日起 60 日内提交调查报告等，都是程序性规定。

◆《安全生产法》具有国家法和地方法的性质

国家法解决全国性的、根本性的、长期性的、普遍性的重大问题。地方法解决本地方局部性的、特殊性的具体问题。就立法层级和法律效力而言，《安全生产法》实施法律调整的范围和效力覆盖全国，既调整涉及全局的基本安全关系，也调整涉及局部（地方）的特殊安全关系。从这个意义上说，《安全生产法》具有国家法和地方法的性质。

◆《安全生产法》具有安全生产法律体系的基本法性质

从适用范围来看，《安全生产法》是对所有生产经营活动的安全生产普遍适用的基本法律。法的适用范围是法的调整范围中极为重要的问题。确定《安全生产法》的适用范围，涉及它对主体、行为和空间的适用效力问题。《安全生产法》第二条规定确立了《安全生产法》作为国家安全生产基本法的地位以及普遍适用的范围。它在安全生产领域内具有适用范围的广泛性、法律制度的基本性、法律规范的概括性，主要解决安全生产领域中普遍存在的基本法律问题。换言之，《安全生产法》的基本法律制度、基本法律规范是其他相关安全生产法律、法规所没有而且也不可能有的"通用件"。

从在安全生产法律体系中的地位来看，《安全生产法》是居于核心地位的安全生产"母法"。《安全生产法》具有的国家专业法律、安全生产基本法律的性质和地位，决定了它在我国的安全生产立法和安全生产法律体系中具有主导的、核心的法律地位。《安全生产法》并没有否定、排斥其他相关立法，而是充分吸收、概括了这些法的精髓，做出了带有规律性的、广泛性的法律概括，使其成为既源于而又高于其他相关立法的安全生产"母法"。这种"母法"性质，决定了《安全生产法》集所有安全生产立法之大成，是指引、统领、规范其他安全生产立法的基本法律。

3.4.5.3 《安全生产法》的主要内容

2014 年修订后的新《安全生产法》共有 7 章 114 条，其内容由总则中的四大目标、三项方针和原则、五方互动机制统领全部条款。

四大目标：《安全生产法》第一条，开宗明义地确立了加强安全生产工作、防止和减少生产安全事故、保障人民群众生命和财产安全、促进经济社会持续健康发展的四大目标。

安全生产的方针和原则：《安全生产法》明确规定了安全生产工作应当以人为本，坚持安全发展，坚持安全第一、预防为主、综合治理的方针；生产经营单位是安全生产的责任主体，必须坚持自我管理、自我负责的原则。

五方互动机制：《安全生产法》总则中第三条规定"建立生产经营单位负责、职工参与、政府监管、行业自律和社会监督的机制"。

3.5 安全投资与生产投资的关系

3.5.1 安全投资与生产投资的含义

3.5.1.1 投资

投资是经济领域使用的概念，是商品经济的产物，是以交换、增值，取得一定经济效益为目的的。广义的投资，从本质上讲，是指经济主体为获取效益而投入经济要素以形成资产的经济活动。投入的经济要素，是指从事生产建设、经营活动所必需的物质条件和生产要素。它可以是现金、设备、厂房、土地、原材料或其他自然资源等有形资产，也可以是商标、技术、专利、管理经验等无形资产；可以是物质资料构成的实物资产，也可以是金融资产。投入的形式也多种多样，如直接投入、间接投入，或直接与间接相结合的混合投入。投资行为过程是指包括投资策划、资金筹集、分配、使用、回收与增值的全过程。狭义的投资，是指经济主体为获取预期收益所投入的资金（或资本）。

3.5.1.2 安全投资

安全，从一般意义上讲，是以追求人的生命安全与健康、生活的保障与社会安定为目的的。像其他领域的活动一样，在安全领域要取得成效也需要一定的投入。作为企业，安全很大程度上是为生产服务的，从这一角度而言安全则具有了投资的价值，即安全的目的有了追求生产效果、经济利益的内涵。首先，安全保护了人，而人是生产中最重要的生产力因素。其次，安全维护和保障了生产资料和生产的环境，使技术的生产功能可以得到充分发挥。因此，安全对经济的增长和经济的发展具有一定的作用，安全活动应被看成是一种有创造价值意义以及能带来经济效益的活动，所以，对安全的投资也称作投资。

所谓安全投资，是指为了提高企业的系统安全性，预防各种事故的发生，防止因工伤亡，消除事故隐患，治理尘毒作业区的而投入的一切人力、物力、财力的总和，即为保护职工在生产过程中的安全和健康进行的预防性主动投资。在安全活动实践中，安全专职人员的配备，安全与卫生技术措施的投入，安全设施维护、保养及改造的投入，安全教育及培训的花费，个体劳动防护及保健费用，事故援救及预防、事故伤亡人员的救治花费等，都是安全投资。

3.5.2.3 生产投资

生产投资并不是投资学中的标准术语。依据投资学的观点，生产投资即生产性建设投资（按投资用途分类，投资可分为生产性建设投资和非生产性建设投资），指直接用于物质生产或直接为生产服务的投资，主要包括农、林、水利建设，工业建设，交通运输，邮电通信建设，地质普查的实物设施建设，商业、公共饮食、物资供应和仓储业建设等的投资。

3.5.2 安全与生产的关系

生产是一种功能，也是一种过程，是创造产品或提供服务的行为，是一切社会组织将对它投入的生产要素转化为有形或无形的产出的过程。它既包括资源的开采活动和各类产品的加工、制作活动，也包括各类工程建设和商业、娱乐业以及其他服务业的经营活动。而安全是指客观事物的危险程度能够为人们普遍接受的状态，是伴随着生产的一种状态。安全工作与生产工作相互依存、互为条件。"生产必须安全，安全促进生产"科学地揭示了生产与安全的辩证关系，是被实践证明了的正确方针。安全是生产的前提，生产必须服从安全，当安全状态笼罩着整个生产时，那么生产绩效将有显著的提高。

首先，生产必须安全。

这是现代工业的客观需要。经济建设是国家的中心任务，任何物质的生产都需要保护生产力。然而，事故的发生却造成人员伤亡或机器设备的损坏，直接破坏生产力。当考虑生产的时候，应该把安全作为一个前提条件考虑进去，落实安全生产的各项措施，保证员工的安全与健康以及生产和安全的持续发展，有效地保护生产力，促进经济建设。

人是生产的第一要素，如果没有人，就谈不上生产。为此，如果在生产过程中出现危及人身安全的时候，不论生产任务有多重，都必须坚决地首先排除事故隐患，采取有效措施保护人身安全。每个人都需要有高度的责任感和积极主动的精神，以科学的态度去解决生产过程中存在的每一个不安全因素，这样才能达到安全和生产的和谐统一。

其次，安全促进生产。

在安全的生产条件下，企业生产正常进行，经济水平健康稳定发展，达到一定的程度，企业将经济效益投资于安全管理当中，从而可以加强企业的生产能力，在安全状态下不断地促进生产力提高。

如果企业发生事故，产品价值的基本构成不变，但各个组成部分的数值发生了变化。例如，发生事故损坏了设备，必须增加不变资本的补偿额；造成人员伤亡，这就需要增加可变资本的补偿额。由于增加了不变资本和可变资本的补偿额，其经济损失只能由剩余价值来承担，这是与企业的生产目的——增加经济效益相违背的。

再次，安全与生产相互统一。

从本质上看，安全与生产是统一的。严格执行安全规定，表面上降低了劳动生产率，但从深层次来看，一旦发生事故，将会造成生命和财产损失，并损失更多工时。另一方面，生产的发展又为安全创造了必要的物质条件。所以安全与生产互为条件、相互依存，本质上是辩证统一的。没有生产活动，安全问题就不可能存在；没有安全条件，生产也不能顺利进行。安全和生产也会出现暂时的和局部的矛盾，主要表现在安全工作和生产有时会在思想观念、时间安排、资金利用、人员配备等方面发生冲突。例如，对劳动安全卫生方面的隐患进行整改，会增加开支或可能暂时停产；为提高职工的安全素质需要进行培训，会使劳动力暂时减少；安全与生产既存在统一又有矛盾，但二者的统一是根本的、全局的，而矛盾是暂时的、局部的。因此，在处理安全与生产的关系时，既不要把安全与生产割裂开来，只抓生产不管安全，为了完成生产任务违章指挥、违章作业和冒险蛮干，也不要把安全与生产对立起来，只抓安全不管生产，因怕发生事故以简单的停产来保证安全，而是要促使生产实践遵循规律、改变生产实践违背生产规律的行为以实现安全生产，向安全生产要经济效益。否则，在危险状态下即使取得一些经济效益，也会因发生事故而失去。

3.5.3 安全投资与生产投资的关系

首先，合理的安全投资促进生产投资的利用。

安全投资是安全活动得以进行的必要条件，安全活动的开展保护了人，而人是生产中最重要的生产力因素；另外，安全活动维护和保障了生产资料和生产环境，消除和控制生产中的危险因素，使技术的生产功能得以顺利、充分的发挥，保证以较少的生产投入换取更大的经济效益。

但是，安全投资不当也会影响企业生产的发展。安全的超前投入能够稳定企业的生产环境，可是超前的投入可能会给企业造成冗余投入，而这部分投资在企业生产中并没有起到安全防护作用，这样对企业来说，就是资源闲置。当然，安全的滞后投入行为使生产处于被动状态，同样会影响生产的健康、稳定发展，进而制约企业经济的发展。只有当安全投入与生产达到一定比例时，才能使生产更快、更好、更健康地稳定发展。

其次，生产投资对安全投资具有一定的制约作用。

生产的客观需要决定了安全的发展状况和水平。在不同的生产技术条件下，对安全的要求不同，对安全投入的要求也不一样，这就决定了安全投资必须符合生产技术的客观需要。

综上所述，我们必须正视并处理好安全投资与生产投资的关系，只有这样，才能给企业创造更大的利润，取得更好的绩效。

3.6 安全投资与安全效益

安全生产的过程就是安全资源的投入、利用和安全成果的产出过程。生产中导致事故发生的潜在危险因素是必然存在且处于动态变化之中的，要消除这些不安全因素、隐患或降低其危险程度，就要合理配置安全资源，提高安全资源的利用率，避免浪费，提高安全活动效益，这是安全工作的重要内容。

3.6.1 安全投资

安全投资是投入安全活动的一切人力、物力、财力的总和，本章主要从经济的角度分析安全投资与安全效益之间的相关关系，因此，这里的安全投资仅指狭义的经济投入。

3.6.1.1 安全投资的分类

根据不同的角度分类，安全投资有以下几种分类方法：

（1）根据安全投资对事故和伤害的预防或控制作用，安全投资可分为：

预防性投资——也可称为主动投资，指为了预防事故而进行的安全投资。包括安全措施费、防护用品费、保健费、安全奖金等超前预防性投入。

控制性投资——也可称为被动投资，指事故发生中或发生后的伤亡程度和损失后果的控制性投入。如事故营救、职业病诊治、设备（成设施）修复等。

（2）按投资的时间顺序划分，安全投资可分为：

事前投资——指在事故发生前所进行的安全投入，能起到预防事故的作用，如安全措施费、防护用品费、保健费、安全奖金等预防性投入。

事中投资——指事故发生中的安全投入。如事故或灾害抢险等事故发生中的投入费用。

事后投资——指事故发生后的处理、赔偿、治疗、修复等费用。

（3）按投资所形成的安全技术的"产品"或形式划分，安全投资可分为：

硬件投资——指能形成实体装置、实物或固定资产的投资。如安全技术工业卫生、辅助设施等能产生安全实物产品的投资。硬件投资可以形成固定资产，安全经济管理中可用折旧方式进行回收。

软件投资——指不能形成实物或固定资产的投资。如安全教育培训、安全宣传、保健与治疗等费用。这种投资的特点是一次性消耗，没有后期管理的责任。

（4）按安全工作的业务类型划分，安全投资可分为：

安全技术投资——指实现本质安全化的投入，主要包括生产设备和设施的安全防护装置等的投入费用。

工业卫生技术投资——主要包括生产环境有害因素治理以及为改善劳动条件投入设施所需的费用。

辅助设施投资——指生产辅助用室、辅助设施等作为外延性的投资。

宣传教育投资（含奖励经费）——主要包括购置或编印安全技术、劳动保护书刊、宣传品、电化教育所需设备；设立安全教育室，举办安全展览会、安全教育训练等所需费用。

防护用品投资——指用于个体防护用品的花费。

职业病诊治费——指用于职业病的诊断及治疗的费用。

保健投资——如高危害、高危险、高劳动强度津贴，防暑降温津贴等。

事故处理费用——指事故抢救、调查、赔偿等事件发生后的资金投入。这也是一种没有预防性作用的投入，是一种被动投入，但它是有目的的消耗，并且也有投入效率的问题。这种投资与事故的纯被动损失（财产损失、资源与环境损害、劳动力的工作日损失等）有区别，即事故损失的消耗是无目的的，并且没有投入效益的问题。

修复投资——指对事故部分或全部损坏的设备及设施的修理和添置的投资。这种投资与更新改造费有一定的区别，更新改造费是一种预期型的投资，具有主动性，而修复投资是事后型的，具有被动的特点。

（5）按投资的用途划分，安全投资还可划分为：

工程技术投资——指用于工程技术项目或技术装备和设施的费用。

人员业务投资——指安全技术人员的工资、职工安全奖金、职业危害津贴、行政业务等费用。

科学研究投资——指用于安全科学技术研究和技术开发的投资。

3.6.1.2 影响安全投资的因素

企业对待安全生产的态度和安全生产水平是与国家和企业所处的发展阶段、企业的规模、企业所处的行业部门的技术、民族习惯、思维方式以及国家的法律建设情况等因素相适应的，因此，安全投资会受到以下因素的制约。

◆ 经济发展水平对安全投资的制约

经济发展水平是影响安全投资绝对量和相对量的主要因素，社会经济发展水平制约着安全保障资源的投入。发展中国家与发达国家的企业安全状况存在较大差距，发展中国家往往很急切地要通过工业化来迅速增长，以发展其经济，从而忽视安全设施、安全培训等。随着经济的发展，科学技术和经济条件为安全投入提供了基础保证，人们对安全与健康的要求随之提高，对安全的投入就随之增大。例如，我国安全生产"十一五"规划中包括煤矿事故预防与主要灾害治理工程、重大事故隐患治理工程在内的 9 项重点工程共需投资 4 674 亿元，"十二五"时期规划投资大约 6 200 多亿元，而安全生产"十三五"规划提出了淘汰落后工艺、技术、装备和产能的目标，预计投资将有所提高。

◆ 政治因素对安全投资的制约

政治制度和政治形势、政府决策者的观念和态度都制约着安全投资的水平。我国是人民民主专政的社会主义国家，提高人民生产和生活的安全与健康水平，关心和重视劳动保护事业是党和政府的工作宗旨之一。政治形势的变化显然会对安全的投入带来影响，世界上发生战乱的国家和地区的人民，其安全状况堪忧。

◆ 科学技术对安全投资的制约

安全投资必须以人类的科学技术水平和经济能力为基础，因此，科学技术的水平决定了安全技术的水平。"如果安全科学技术的发展客观上对经济的消耗是有限的，则安全的投资应符合这一客观的需求，否则，过大的投入，将会造成社会经济的浪费。"

◆ 生产技术对安全投资的制约

不同水平的生产技术条件下所需要的安全技术水平也是不一样的，对安全的投资需求也就有了差异，制定符合企业自身生产技术客观需要的安全投资政策，是在资源和能力有限的基础上追求经济效益的必然要求。

3.6.1.3 安全投资的定量分析

◆ 安全投资的绝对量

安全投资的绝对量包括货币投资量、人员投入量以及劳动日投入量。

货币投资量以国家、行业、部门或企业为核算范围，用年安全投资总量单位来反映。据联合国有关资料统计，预防事故和应急救援措施的投资约占国民生产总值的 3.5%。

人员投入量指安全专职人员的配备总量，也可以国家、行业、部门或企业为核算范围。这一绝对指标反映了安全人力的投入规模。

劳动日投入量指安全活动的劳动工作日投入总量。进一步还可分为专职人员劳动工作日投入总量和非专职人员劳动工作日投入总量。

◆ 安全投资的相对量

安全投资的相对量往往更具有实用可比性和客观性，在实际工作中常常用相对指标来分析和说明问题，安全投资的相对量往往用绝对量相对于人员、产量、产值和利税来反映，具体指标如下：

第一，相对于生产规模的货币安全投入指标。

更新改造费中的安措投资比例——安全措施费用占更新改造费用的比例，反映了安全措施费用所占的比重，是衡量安全投资强度的重要指标。我国有关部门规定，在企业的更新改造费中提取 10% 左右作为安全技术措施经费。这种用行政法令规定提取安全投资的做法，使安全的资金投入得以保证，对保障安全生产有积极的作用。但从提高投资效益的角度出发，不同的行业、部门，甚至不同的时期和项目，其安全措施费用的比例应有所不同。这一不同条件下的合理提取比例值应经过科学的分析和论证才能得以确定。

安全投资占生产费用中的比重——安全投资总量占企业生产费用的比例。这一比例多大合适，目前还未有公认的数据。据某机电企业对 20 世纪 90 年代的实际状况统计，其平均每年的安全费用，包括安全措施费、劳动保护用品费、安全管理行政费、消防费、工伤医疗、事故处理、事故赔偿、恢复生产修理费、安全奖励等安全主动投资和被动投资，占生产总费用（包括企业管理、车间经费和工人工资）的 4.09%。该企业认为，如果安全投资总费用占生产总费用的比例在 5% 左右，即能实现安全生产的目标。

国民（生产）产值安措投资指数——安全措施费投资占国民（生产）产值的比例，反映了安全措施投资的水平，是国家或企业负担安全的能力的指标之一。

国民（生产）产值安全（主动）投资指数——安全投资占国民（生产）产值的比例，反映了安全投资的水平，是考察国家或企业负担人民的安全需要的能力的指标之一。安全的总投资是指安全的主动投资。

国民（生产）产值安措投资指数和国民（生产）产值安全（主动）投资指数这两个指标量，一是反映了国家经济发展状况对国民安全的承受能力，二是反映了国家、政府和企业对安全的重视程度。客观上讲，这两个指标值不能太低，也不宜过高。

安措投资增长率——后一时期安全措施投资的增量与前一时期安全措施投资量的比值，能反映安全措施投资的增减变化状况。

安全投资增长率——后一时期安全投资的增量与前一时期安全投资量的比值，能反映安全投资的增减变化状况，是国家负担安全的能力的动态变化指标之一。

劳动防护用品投资增长率——后一时期劳动防护用品投资增量与前一时期劳动防护用品投资量的比值，能反映劳动防护用品投资的增减动态变化状况。

安措投资增长率、安全投资增长率和劳动防护用品投资增长率三项指标应随国民经济的发展而增长，但不同的行业或部门，其增长率应有所不同，对于高危险和高危害的行业，对安全问题严重、安全欠账较多的企业，其安全投入的增长率应相应加大。在考虑安全投入增长率时，还应考虑物价上涨的因素，应使安全的实际投入的价值有实在的增长。

第二，相对于生产规模的劳动力安全投入指标。

安技人员配备率——安全专职人员占职工总人数的比例，是安全活动劳动消耗的指标之一。根据国家的有关规定，要求企业安全专职人员配备比例为职工人数的 3‰ ~ 5‰，而实际上，不同的地区、行业或部门，其安全专职人员配备比例会有所差别。

亿元产值安技人员配备率——亿元生产产值的安全技术人员配备比例，反映了创造亿元产值所付出的安全专职活动量。亿元产值安技人员配备率能考察安全的劳动使用效率，其值越小，效率越高。

百万利税安技人员配备率——相对生产纯利润安全专职人员的占用比例，反映了所需付出的劳动代价。

在利用上述安全人力投入指标分析问题时，通常只能做纵向的比较，如本行业或部门不同时期的比较，同行业、同部门不同单位的比较，而不宜于做横向比较，否则往往得不到确切的结论。例如亿元产值安技人员配备率，全国非矿山行业约为 9.8，而矿山企业高达 45，从此数据很难得出结论说矿山企业的安全人力资源利用率不高，从而做出压缩矿山安全专职人员数的决策。

第三，相对于人员（职工）的安全资源消耗指标。

人均安措费——每一职工单位时间（通常是一年）的安全措施投资量，反映了不同国家、地区或行业的人均安全措施负担或消耗量。

人均劳防用品费——每一职工单位时间（通常是一年）的人均劳保用品费用，反映了不同国家、地区或行业的人年均劳保用品负担或消耗量。

人均职业病诊治费——反映了不同国家、地区或行业的人年均职业病诊治费用负担或消耗量。职业病诊治费是一种被动消耗，而非正常的主动投资，因此是不期望的投入。

安全专职人员人均安措费——安全专职人员单位时间（通常是一年）的人均安全措施费用数量，反映了一个专职安技人员一年所能主持的安全措施经济规模，是衡量安全专职人员工作饱满程度及工作效率的指标之一。

安全专职人员人均安全投资——安全专职人员单位时间（通常是一年）的人均安全经济总规模，反映了一个专职安技人员一年所能主持的安全经济总量，也是衡量安全专职人员工作饱满程度及工作效率的指标之一。

3.6.2 安全效益

3.6.2.1 安全效益的含义

效益是指符合需要的有效产出与投入间的比例关系，这一关系反映了投入与产出为人们带来利益的状况。

安全效益是安全投资所实现的安全条件和安全水平为人们带来的利益，反映了安全产出和安全投资之间的关系。

从层次上来说，安全效益可分为宏观效益和微观效益。对国家、社会的安全作用和效果是安全的宏观效益；对企业和个人的安全作用和效果是微观的效益。

从其性质来说，安全效益又可分为经济效益和非经济效益。安全投入不仅给企业带来直接的经济效益，更有深远的间接和潜在效益以及非经济效益。安全效益充分体现在企业的综合经济效益和社会效益之中。

安全的经济效益是指通过安全投入实现了安全条件，无益消耗和经济损失的减轻，以及生产和生活过程中的保障技术、环境及人员的能力和功能，并提高其潜能，对经济生产发挥增值作用。从安全投资的物质结果方面来看，安全经济效益可分为直接经济效益和间接经济效益。直接经济效益指企业等社会单元采取安全措施所获得的经济效益，主要表现为事故经济损失的降低；间接经济效益是指通过安全的投资，使技术的功能或生产能力得以保障和维护，从而使生产的总值达到应有量的增加部分。

安全的非经济效益也叫安全社会效益，它是指通过减少人员的伤害、环境的污染和危害，对国家和社会的发展、企业或集体生产的稳定、家庭或个人的幸福所起的积极作用。与安全的经济效益相比，非经济效益由于事关人们的生命与安全健康，更容易受到重视和更直接地被认识到。但是安全的非经济效益的评价会随着社会经济的发展而变化。当今的文化和经济条件使人们对安全的要求大为提高。

安全的经济效益与非经济效益既有区别又有着密切的关系。在考虑安全的非经济效益时，为了方便定量分析，通常将安全的非经济效益进行"经济化"处理。例如，可将人的生命健康转化为人创造财富的能力进行考虑。同时在安全活动中，需要合理进行安全投资规划和组织，使安全社会效益和经济效益都得到提高。

随着社会生产力的提高以及科学技术的突飞猛进，安全在社会生产活动和经济效益提高中起到了越来越重要的作用。安全投入的作用和效果往往是间接地、见效较迟，但其作用和效果是长效的、多方面的，既促进生产和经济发展又体现社会的文明和进步，使人民安居乐业，社会安定、幸福。

3.6.2.2 安全的产出效益分析

从理论上讲，安全具有两大经济效益功能：第一，安全能直接减轻或免除事故或危害事件给人、社会和自然造成的损害，实现保护人类财富，减少无益消耗和损失的功能；第二，安全能保障劳动条件和维护经济增值过程，实现其间接为社会增值的功能。

第一种功能称为"拾遗补缺"，可用损失函数 $L(S)$ 来表达（其曲线见图 3-4）：

$$L(S) = L\exp(l/S) + L_0 \qquad (l > 0, L > 0, L_0 < 0) \tag{3-1}$$

第二种功能称为"本质增益"，用增值函数 $I(S)$ 表示（其曲线见图 3-4）：

$$I(S) = I\exp(-i/S) \qquad (I > 0, i > 0) \tag{3-2}$$

上述两式中，L、l、I、i、L_0 均为统计常数。

如图 3-4 所示，增值函数 $I(S)$ 随安全性 S 的增大而增大，但 $I(S)$ 值的增加是有限的，当安全性达到 100% 时，曲线趋于平缓，其最大值取决于技术系统本身的功能。事故损失函数 $L(S)$ 随安全性 S 的增大而不断减小，当系统无任何安全性（$S = 0$）时，从理论上讲系统的损失值趋于无穷大，具体值取决于机会因素；当 S 趋于 100% 时，损失趋于零。

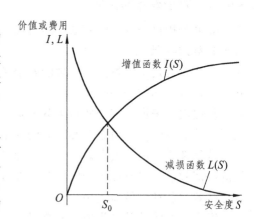

图 3-4　安全减损和增值函数

损失函数和增值函数两条曲线在安全性为 S_0 时相交，此时安全增值与事故损失值相等，安全增值产出与因为事故带来的损失相抵消。当安全性小于 S_0 时事故损失大于安全增值产出，当安全性大于 S_0 时安全增值产出大于事故损失，此时系统获得正的效益，安全性越高，系统的安全效益越好。

无论是"本质增益"，即安全创造正效益，还是"拾遗补缺"，即安全减少"负效益"，都表明安全创造了价值。后一种可称谓为"负负得正"，或"减负为正"。

3.6.2.3　提高安全效益的途径

安全非经济效益的实现，是通过安全技术的、管理的、教育的手段，减少事故和危害事件的发生量。安全经济效益的实现在于"减损"和"增值"。为达到这两个目的，首先应保证事故或灾害得到有效的控制和减少，实现"安全高效"的目标；同时要进行安全过程的优化，实现"高效的安全"。

◆ 优化安全科学技术

随着科学技术的发展和生产发展要求的提高，应不断提高安全科学技术研究的水平，并将优化的技术和措施应用到安全生产过程中，进行合理的安全设计。

◆ 优选安全措施方案

安全措施方案并非可达到的安全性指标越高越好，其合理性要看其综合效益水平如何。这就需要综合采用系统工程、优化技术、经济学、决策科学等一般性理论和方法，以及危险分析、安全评价、安全技术经济可行性论证等专业理论和方法，在安全技术设计阶段对安全措施的合理性、科学性进行方案优选。运用投资的决策技术和预测手段，将安全措施费用投放到最合理的地方，实现最佳安全投资，以期取得最佳安全经济效益。

◆ 系统化安全技术运作程序

安全系统涉及多种因素又受到环境的影响，因此科学合理的设计方案在实施运行环节需要系统化的操作程序，以保证安全技术的实现，从而实现安全效益。

◆　强化安全教育和管理

生产中的很多事故是由于人的思想意识、心理素质、态度和行为不能适应生产客观规律的状态和发展所造成的，因此，安全教育是提高安全系统中人的因素可靠性的基本手段。安全投入能否体现较高的效益，与管理体制、管理方法的优劣有很直接的关系，要从人、机、环境等各个方面进行系统规范的管理，形成安全管理制度体系，提高安全系统的效能，最终提高安全效益。

3.6.3　安全投资与安全效益的关系

安全投资和安全效益之间是相互渗透、相互促进、相互制约的辩证关系。

在一定的经济技术条件下，要达到人们所期望的安全水平，就必须进行必要的安全投资，采用科学的方法，用最少的安全投资来达到最大的安全效益是人们所追求的。

安全投入表现出来的是成本的增加，而产生经济效益并没有直接体现出来，从其表现形式上看，不同于企业生产经营所带来的利润增加的经济效益。实际上安全是一种特殊的投资，产生的安全效益不是显而易见的，而是隐性的、间接的、潜在的效益，不能直接从产品数量的增加和质量的改进上显现出来，而是体现在生产的全过程中，保证了企业生产的顺利进行。

安全投入与企业经济效益的理想状态是"双赢"，而安全投资的各要素之间有着复杂的有机联系，各要素耦合成了一个有机体，共同作用发挥效益，应科学合理地分配各项投入，在总投入一定的情况下，达到效益最大化。要做到安全经济投资的优化，准则有两种：一是安全经济消耗最低，二是安全经济效益最大。

3.7　安全效益评价

3.7.1　相关参数的解释与标定

计算生命、身体价值损失部分将会涉及以下几个参数，在这里我们将相关参数进行解释与标定，在后面的计算时将直接应用。

◆　人均国内生产总值

人力资源的价值通常是以每个劳动者的社会劳动价值来评价的。但是，运输事故伤亡者年龄分布比较分散，包括相当一部分的老人和少年儿童，还有家庭妇女和一些没有工作的人。不能说他们没有参加劳动就没有生命价值或社会劳动价值。

◆　经济增长率

在计算事故受害者未来的期望创造价值时，要考虑社会经济增长率，这就涉及社会经济增长率的取值问题。统计资料显示，"六五"时期（1987—1985 年）国内生产总值平均每年增长率为 10.7%，"七五"时期（1986—1990 年）国内生产总值平均每年增长率为 7.9%，"八五"（1991—1995 年）时期国内生产总值平均每年增长率为 12.0%，"九五"时期（1996—2000 年）国内生产总值平均每年增长率为 8.5%，"十五"时期（2001—2005 年）国内生产总值平均每年增长率为 9.7%。"十一五"期间我国国内生产总值增长率为 11.2%，"十二五"

期间，我国国内生产总值年均增长率近 8%。考虑到我国现阶段经济发展的速度较快，对照发达国家及其他一些发展中国家不同阶段的经济增长率状况，考虑通货膨胀的影响，并结合我国的宏观经济目标，假定我国经济增长率为 6%（5% 与世界中等发达国家经济平均增长速度相当）。

◆ 折现率

由于资金具有时间价值，使得不同时间点上发生的资金流量无法直接比较或相加。因此，两个不同时间点上的资金相比或相加，必须依据某一特定的利率将某一点上的资金换算成与之相同时间点上的资金才能进行相加。人们将某一点时间上资金等值的 n 周期前的资金称为现值，而其换算的利率就称为经济折现率，又称社会折现率。

根据我国目前的投资收益水平，资金机会成本、资金供需情况以及社会折现率对长、短期项目的影响等因素，国家发展与改革委员会、建设部规定社会折现率为 8%（《建设项目经济评价方法与参数》第三版）。

3.7.2 安全投资的减损效益分析

减损产出即为经过安全投资后使安全事故减少而取得的经济效益量。评估时，应首先分析事故的损失量，继而根据安全投资前后事故发生概率的变化得到安全投资的减损产出。下面以铁路运输安全投资的减损效益为例进行说明。

3.7.2.1 财产损失价值估算模型

财产损失是指铁路事故造成的机车、财产直接损失折款，不含现场抢救、人身伤亡善后处理的费用在事故损害赔偿处理中的财产损失，除上述的直接损失外，还应包括现场抢救险、人身伤亡善后处理的费用。这里所指的财产损失是指财产直接损失。

财产直接损失是指铁路运输事故直接造成机车车辆、运输货物、线路设施、建筑物等财物损毁的实际价值。

机车车辆损失主要与事故涉及的车辆数量、事故车辆损坏程度和车辆类型等因素有关。一般来说，事故涉及的车辆节数越多，车辆损坏越严重，车辆市场价值越大，则造成的损失价值越大。其计算公式如下：

$$X_{31} = f(r_j, m_{ijk}, C_{ijk}) \tag{3-3}$$

式中　X_{31}——表示机车车辆损失价值；

　　　r_j——表示第 j 类车型的分类数；

　　　m_{ijk}——表示第 i 类车辆损坏等级、j 类车型、k 个车型分类的车辆数；

　　　C_{ijk}——表示第 i 类车辆损坏等级、j 类车型、k 个车型分类的市场价值或维修服务费用；

　　　i——表示车辆损坏等级，分为 4 个等级，即轻微损坏、一般损坏、严重损坏和报废。

货物损失主要受货物的市场价格、损毁量和运输费用等因素的影响。铁路运输事故损毁货物的价格越高、损毁量越多、运输费用越高，造成的价值损失就越大。与机车车辆损失价值相比，货物损失的影响因素比较简单并易于确定。所以，对于货物损失评价不做过多的讨论。其计算公式如下：

$$X_{32} = f(P_i, Q_i, \alpha_i) \tag{3-4}$$

式中 X_{32}——表示货物损失价值;

P_i——表示第 i 类货物的市场价格;

Q_i——表示第 i 种货物的损毁量;

α_i——表示考虑运输费用的货物价格折算系数。

3.7.2.2 生命、身体价值损失估算模型

生命、身体价值损失是指铁路事故造成的旅客或工作人员生命或身体价值的损失。事故导致的最严重后果就是参与人员的死亡,同时给社会和家庭造成的损失也是巨大的。生命价值的损失可以用事故死亡及受伤人员的社会劳动价值损失评估方法来确定。

事故伤亡人员的社会劳动价值损失,即以事故造成人员伤亡的年度为基准年份,以该年度有工作能力的人员的人均国内生产总值为基数,考虑国内生产总值的经济增长率,计算各影响年份的社会劳动价值损失,同时将各影响年份的社会劳动价值损失按社会折现率折算为基准年份的现值。

死亡人员的社会劳动价值损失分为完全劳动能力时间段的社会劳动价值损失和部分劳动能力时间段的社会劳动价值损失。

其中,完全劳动能力时间段的社会劳动价值损失折现值为:

$$X_{11}^{(1)} = \sum R_i / (1 + K_i) L_t \tag{3-5}$$

式中 $X_{11}^{(1)}$——表示完全劳动能力时间段内社会劳动价值损失折现值;

R_i——表示计算年份的完全劳动能力人员的人均国内生产总值;

K_i——表示计算年份的社会折现率;

L_t——表示基准年份至计算年份的时间长度折现期数。

部分劳动能力时间段的社会劳动价值损失折现值类似于完全劳动能力时间段的社会劳动价值损失。

计算受伤人员的社会劳动价值损失可将受伤人员作为另一种形式的部分劳动能力时间段的社会劳动价值损失,即在完全劳动能力阶段的社会劳动价值损失计算公式后再乘以一个折减系数。

3.7.2.3 经济延误损失估算模型

铁路运输事故发生后,本线路在事故地点以前的客运、货运都会受到影响,具体表现为发车的延误时间增加,货物的运输成本增加,旅客行程受到影响,从而引起一定的社会经济损失,这些损失就是运输事故的社会延误经济损失。

在途的车辆因事故而导致延误,致使旅客和货物在途时间加长而额外增加运输成本,导致货物、出行者的时间价值损失。运输事故社会延误损失由事故导致的货运间接经济损失和客运间接经济损失所构成。

3.7.2.4 减损产出价值估算模型

通常,铁路运输系统中发生事故的次数是随机的。

这里，我们假定事故发生次数服从泊松分布，利用采取安全措施前后两个概率之间的比较来计算减损的产出价值。

铁路运输事故的发生概率为：

$$P\{X_n = k\} = \frac{(\lambda t)^k}{k!}e^{-\lambda t} \tag{3-6}$$

式中　　λ——单位时间内事故的平均发生率；

　　　　k——单位时间内事故发生的次数；

　　　　t——时间。

事故损失价值的期望值为：

$$E(C_k) = \sum_{k=1}^{n} P_k L_k = \sum_{k=1}^{n} \frac{(\lambda t)^k}{k!}e^{-\lambda t}L_k \tag{3-7}$$

式中　　L_k——损失价值函数或损失值；

　　　　λ——单位时间内事故的平均发生率；

　　　　k——单位时间内事故发生的次数；

　　　　t——时间。

由于安全投入的增加，企业安全水平得到提高，运输的安全性得到加强，则运输事故的发生概率发生变化，报告期与基期的事故损失价值期望值的减小量为减损产出价值期望值。

如果基期与报告期之间的时间间隔为 t 年，则在有效期年份里，t 年减损产出价值为：

$$B_1 = \sum_{t=1}^{n} \frac{\Delta E}{(1+i)^t} \tag{3-8}$$

式中　　B_1——表示 t 年减损产出价值；

　　　　ΔE——表示减损产出价值期望值。

3.7.3　安全投资的增值效益分析

安全生产或安全投入的增值产出实质上表现为安全间接地提高了企业的工作效率以及减少了工效损失。提高工作效率的实质，就是提高生产力水平，增加企业的物质财富积累。

提高工作效率是提高企业经济效益的重要手段。运输工效是铁路企业的一项重要经济指标，它反映了一定时期内企业资源总投入与服务总产出之间的比值关系，是企业经济效益的有机组成部分。

我们可以举一个例子来说明安全对于工效提高的作用。在过去，列车没有安装列车运行监控装置，驾驶员在操作时都是根据经验行车，靠的是观察以及感觉。由于司机害怕发生事故，所以铁路运输难以实现高效。后来机车上安装了列车运行监控系统以后，司机的驾驶安全得到了保证，司机在驾驶过程中可以在保障安全的情况下最大限度地优化行驶操作，从而提高了机车车辆的运行效率，也就是提高了运输效率。由此我们可以看到，企业对预防事故进行的安全投入对提高工作效率起到了很好的作用，这种作用正日益被企业重视。

安全对于企业提高工作效率的作用对应的价值为：

$$V = \int_1^2 [f_2(t) - f_1(t)] \mathrm{d}t \qquad (3\text{-}9)$$

式中　V——安全投资的增值；

　　　$f_1(t)$——安全投入前的工作效率，以企业单位时间内创造的产值计；

　　　$f_2(t)$——安全投入后的工作效率，以企业单位时间内创造的产值计。

3.8　职业伤害事故经济损失规律与安全经济决策

3.8.1　职业伤害形势及经济损失规律

职业伤害是工业化进程带来的产物，不仅严重威胁着从业者的生命安全和身体健康，而且由职业伤害造成的死亡已成为各国的主要死亡原因之一。据国际劳工组织提供的数据，全球每年发生各类职业事故约 2.5 亿次起，平均每天约 68.5 万次起。

美国、芬兰和英国的有关研究人员就事故费用在伤害程度、时间、企业规模、企业性质和原因等方面的分布规律做了不少研究工作，而我国对事故经济损失的研究起步较晚。1982 年，冶金部安全环保研究院的肖爱民教授结合国情，率先撰文对"安全生产与经济效益的关系"问题进行研究，在国内开创了此领域的先河。随后，部分大中型企业、高等院校以及科研单位的有关研究人员相继从不同方面做了一些研究工作，取得了一些成果。国家于 1986 年颁布了强制性标准《企业职工工伤事故经济损失统计标准（GB6721—86）》。

职业伤害事故经济损失规律主要是通过职业伤害事故经济损失体现出来，而职业伤害事故经济损失需要通过事故经济损失计算出来。

计算事故经济损失时，首先应计算事故的直接经济损失以及间接经济损失，然后应用各类事故的非经济损失估算技术（系数比例法），估算出事故非经济损失。两者之和即是事故的总损失。

据刘新荣研究 1993—2002 年某化工开发区职业伤害成本数据后发现，在工伤赔偿支出中，职业伤害(主要是医疗费用)支出占较大比例。据调查，美国职业伤害赔偿中，医疗赔偿支出比例 > 60%。

虽然目前在全世界范围内，职业伤害发生率、致残率以及患病率有下降趋势，但赔偿支付的费用却增长迅速，其中门诊费用和住院费用的增长尤为明显。美国职业伤害医疗赔偿支付从 1980 年的人均约 2 000 美元，以每年 12% 的速度递增至 1990 年的人均 7 000 多美元。我国的工伤赔偿中，医疗费用支出比例也较高，这说明，控制职业伤害医疗费用的不合理增长迫在眉睫。

据黄小武对我国工业企业职业伤害的经济损失调查（2000 年）中得知，我国国有企业事故的直接损失与间接损失之比为 1:2.74，乡镇企业为 1:1.3；重大事故的直接损失与间接损失之比为 1:2.47，职业病为 1:4。不同伤害程度的事故中，死亡事故的支出费用最高，占总损失的 53.8%，而重伤支出的费用占总损失的 15%。死亡、重伤和轻伤三者支出的费用之比为 1:0.36:0.93。从人均经济损失来看，这三者费用之比为 70:10:1，差别非常明显。

从行业费用分布情况来看，事故损失费用最高的行业依次是煤炭、机电、冶金、化工、轻工、建材、建筑、纺织行业。

对于国有企业，经济中等地区职业伤害费用最高，其次是经济发达地区，经济欠发达地区最低。其中，工作损失价值最高，其次是医疗费、工伤事故造成的歇工工资。国有企业人均事故经济损失费用是乡镇和集体企业人均事故费用的 4.5 倍。这说明不同性质的企业，其事故经济损失费用差别是显著的。

从大多数工业化国家的发展模式来看，职业伤害安全生产监管工作大致可以分为四个阶段：原始安全管理阶段；强制监督阶段；企业自我管理阶段；团队文化时期。强化监察阶段的主要特征为：国家颁布和实施了严格的法规，企业的安全管理依赖于政府强制执法监督，管理者由于惧怕法治惩戒而层层设立责任目标，依据法律条文要求管理安全生产。

3.8.2　安全经济决策

安全经济决策是指导安全活动的依据和基础。安全经济决策又可分为方案的优选决策、安全投资的风险决策。

◆ 优选决策

安全经济决策方案的优选决策是指对备选的安全经济决策方案进行分析比较，选择、确定最优的方案。其一般步骤如下：

（1）用有关危险分析技术，如 FTA（事故树）技术，计算系统原始状态下的事故发生概率。

（2）用有关危险分析技术，分别计算出各种安全措施方案实施后的系统事故发生概率。

（3）在事故损失期望已知的情况下，计算安全措施实施前的系统事故后果。

（4）计算出各种安全措施方案实施后的系统事故后果。

（5）计算各种安全措施实施后的系统安全利益。

（6）计算各种安全措施实施后的系统安全效益。

（7）根据结果进行方案优选，确定最优方案。

◆ 风险决策

风险决策也称概率决策，这是一种在估计出措施利益的基础上，考虑到利益实现的可能性大小，进行利益期望值的预测，以此预测值作为决策依据、方法。其具体步骤是：

（1）计算出各种方案的利益。

（2）计算出各种利益实现的概率（可能性大小）。

（3）计算出各种方案的利益期望。

（4）进行方案优选，选出最优方案。

此外，在进行安全经济决策时，还常常用到安全投资的综合评分决策法。该方法基于加权评分的理论，根据影响评价和决策的因素重要性，以及反映其综合评价指标的模型，设计出对各参数的定分规则，然后依照给定的评价模型和程序，对实际问题进行评分，最后给出决策结论。

习题与思考题

1. 什么是安全文化？安全文化的结构化特征有哪些？

2. 安全科学与社会科学的关系是怎样的？

3. 安全投资与安全效益两者的关系是什么？

第4章 事故概述

4.1 事故的定义与特征

4.1.1 事件的定义

"事件"（incident）是指发生或可能发生与工作相关的健康损害或人身伤害（无论严重程度）或者死亡的情况（引自 GB/T 28001—2011）。其结果未产生人身伤害、健康损害或死亡的事件在英文中还称为"near-miss"。英文中，术语"incident"包含"near-miss"，称之为"未遂事件"或"近事故"，见图4-1。

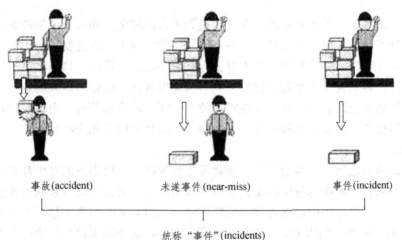

图 4-1 事故与事件的关系

事件的发生可能造成事故，也可能并未造成任何损失。对于没有造成职业病、死亡、伤害、财产损失或其他损失的事件，一个不预期的过程，没有产生不期望的意外后果，这时所有的中间过程和结果均为事件。一个不预期的过程，导致了本期发生的意外后果，这时所有的中间过程称为事件，意外的后果称为事故。

4.1.2 事故的定义

事故是指人们在进行有目的的活动过程中，突然发生的违反人们意愿，并可能使有目的的活动发生暂时性或永久性终止，造成人员伤亡或（和）财产损失的意外事件。简单来说，凡是引起人身伤害、导致生产中断或国家财产损失的所有事件统称为事故。

事故的结果可能有 4 种情况：① 人受到伤害，物也遭到损失；② 人受到伤害，而物没有损失；③ 人没有伤害，物遭到损失；④ 人没有伤害，物也没有损失，只有时间和间接的经济损失。上述 4 种情况中，前两者称为伤亡事故；后两者则称为一般事故，或称为无伤害事故。例如汽车相撞、飞机坠落和锅炉发生爆炸等情况，使在场或附近的人受伤，这属于人受到伤害、物也遭到损失的伤亡事故；人在高空作业过程中坠落而致使坠落者受到伤害，这属于人受到伤害而物没有损失的伤亡事故；电气火灾，引起厂房、设备等受损，而人员安全撤离，这属于人没有受到伤害、物遭到损失的无伤害事故；在生产作业过程中，有时会突然停电而使生产作业暂时停止，但是没有造成任何的损失和伤亡事件，这就属于人和物都没有受到伤害和损失（指直接损失）的一般事故，但无论是伤亡事故还是一般事故，总是有损失存在的，事故的发生影响了人们行为的继续，从时间上给人们造成了损失，致使间接的经济损失发生。另外，从事故对人体危害的结果来看，虽然有时在生理上没有明显的表征，但是事故后果依然可能是难以预测的问题。所以，必须将这种无伤害的一般事故也作为发生事故的一部分加以收集、研究，以便掌握事故发生的倾向和概率，并采取相应的措施，这在安全管理上是极为重要的。

4.1.3　事故的特征

事故的表面现象是千变万化的，并已渗透到了人们的生活和每一个生产领域，几乎可以说事故是无处不在的，同时事故结果又各不相同，所以说事故也是复杂的。但是事故是客观存在的，客观存在的事物其发展过程本身就存在着一定的规律性，这是客观事物本身所固有的特性；同样，客观存在的事故必然有其固有的发展规律，这是不以人的意志为转移的。研究事故不能只从事故的表面出发，应该对事故进行深入调查和分析，由事故特性入手寻找根本原因和发展规律。大量的事故统计结果表明，事故具有以下几个特性。

◆ 因果性

因果性即事物之间，一事物是另一事物发生的根据。一切事故的发生都是由一定原因引起的，这些原因就是潜在的危险因素，事故本身只是所有潜在危险因素或显性危险因素共同作用的结果。在生产过程中存在着许多危险因素，不但有人的因素（包括人的不安全行为和管理缺陷），而且也有物的因素（包括物的本身存在着不安全因素以及环境存在着不安全条件等）。上述这些危险因素在生产过程中通常被称之为隐患，它们在一定的时间和地点下相互作用就可能导致事故的发生。事故的因果性也是事故必然性的反映，若生产过程中存在隐患，则迟早会导致事故的发生。

因果关系具有继承性，因果继承性说明了事故的原因是多层次的，有的和事故有着直接联系，有的则是间接联系，绝不是其中一个原因就能造成事故，而是诸多不利因素相互作用共同促成的。因此，不能把事故简单地归结为一点，在识别危险的过程中要把所有的因素都找出来，包括直接的、间接的，甚至更深层次的，只有把危险因素都识别出来，事先对其加以控制和消除，事故本身才可以预防。

◆ 偶然性、必然性和规律性

偶然性是指事物发展过程中呈现出来的某种摇摆、偏离，是可以出现或不出现、可以这样出现或那样出现的不确定的趋势。必然性是客观事物联系和发展的、合乎规律的、确定不移的趋势，是在一定条件下的不可避免性。

从本质上讲，事故属于在一定条件下可能发生、也可能不发生的随机事件。就一特定事故而言，其发生的时间、地点、状况等均无法预测。

事故是由于客观存在不安全因素，随着时间的推移，出现某些意外情况而发生的，这些意外情况往往是难以预知的。因此，事故的偶然性是客观存在的，这与是否掌握事故的原因毫无关系。换言之，即使完全掌握了事故原因，也不能保证绝对不发生事故。

事故的偶然性还表现在事故是否产生后果（人员伤亡，物质损失）以及后果的大小是难以预测的。反复发生的同类事故并不一定产生相同的后果。

事故的偶然性决定了要完全杜绝事故发生是困难的，甚至是不可能的。

事故的因果性决定了事故的必然性。

事故是一系列因素互为因果、连续发生的结果。事故因素及其因果关系的存在决定事故迟早要发生，其随机性表现在何时、何地、因什么意外事件触发产生而已。

掌握事故的因果关系，砍断事故因素的因果连锁，就消除了事故发生的必然性，就可能防止事故发生。

事故的必然性中包含着规律性。既为必然，就有规律可循。必然性来自因果性，深入探查、了解事故因素关系，就可以发现事故发生的客观规律，从而为防止发生事故提供依据。应用概率理论，收集尽可能多的事故案例进行统计分析，就可以从总体上找出带有根本性的问题，为宏观安全决策奠定基础，为改进安全工作指明方向. 从而做到"预防为主"，实现安全生产的目的。

由于事故具有偶然的特性，因而要完全掌握它的规律是困难的。

但偶然中有必然，必然性存在于偶然性之中。随机事件服从于统计规律，因此可以用数理统计的方法对事故进行统计分析，从中找出事故发生、发展的规律，从而为预防事故提供依据。

美国安全工程师海因里希曾统计了 55 万件机械事故，其中死亡、重伤事故 1 666 件，轻伤 48 334 件，其余则为无伤害事故。从中可以得出一个重要结论，即在机械事故中，死亡、重伤和无伤害事故的比例为 1:29:300。这个关系说明，在机械生产过程中，每发生 330 起意外事故，有 300 起未产生伤害，29 起引起轻伤，1 起是重伤或死亡，国际上把这一法则叫作事故法则。对于不同行业、不同类型的事故，无伤、轻伤、重伤的比例不一定完全相同，但是统计规律告诉人们，在进行同一项活动中，无数次意外事件必然会导致重大伤亡事故的发生，而要防止重大伤亡事故必须减少或消除无伤害事故。所以要重视隐患和未遂事件，把事故消灭在萌芽状态，否则终究会酿出大祸。用数理统计的方法还可以得到事故的其他一些规律性的因素，如事故多发时间、地点、工种、工龄、年龄等，这些规律对预防事故都起着十分重要的作用。

◆ 潜伏性、再现性和预测性

事故的潜伏性是说事故在尚未发生或还未造成后果之时，是不会显现出来的，好像一切还处在"正常"和"平静"状态。但生产中的危险因素（隐患或潜在危险）是客观存在的，只是未被发现或未受到重视而已。只要这些危险因素未被消除，事故总是会发生的，只是时间早晚而已。随着时间的推移，一旦条件成熟，危险就会显现从而酿成事故。这就是事故的潜在性。

　　事故一经发生，就成为过去。时间是一去不复返的，完全相同的事故不会再次显现。然而，如果没有真正地了解事故发生的原因，并采取有效措施去消除这些原因，就会再次出现类似的事故。因此，应当致力于消除这种事故的再现性，这是能够做到的。人们可以在以往事故的基础上总结经验和教训，积累相关知识，掌握事故规律，使用科学的方法和手段对未来可能发生的事故进行预测，从而把事故消除在萌芽中，防患于未然。

　　事故的上述特征要求人们不能有盲目性和麻痹思想，要常备不懈，居安思危，在任何时候、任何情况下都要把安全放在第一位来考虑；要在事故发生之前充分辨识危险因素，预测事故可能的发生模式，事先采取措施进行控制，最大限度地防止危险因素转化为事故；制定事故预防和应急救援方案，把事故发生时产生的损失降到最低。

4.2　事故的分类

　　根据事故发生造成后果的情况，在事故预防中把事故划分为伤害事故、损坏事故、环境污染事故和未遂事件。在生产实际工作中通常又分为生产安全事故、职工伤亡事故、职业病危害事故、突发环境事件等。

4.2.1　生产安全事故

　　生产安全事故是指在生产经营活动（包括与生产经营有关的活动）过程中，突然发生的伤害人身安全和健康或者损坏设备、设施或者造成经济损失，导致原活动暂时中止或永远终止的意外事件。

　　按照 2006 年国务院印发的《国家突发公共事件总体应急预案》和 2007 年国务院令第 493 号《生产安全事故报告和调查处理条例》中根据生产安全事故造成的人员伤亡或者直接经济损失，生产安全事故一般分为 4 个等级，见表 4-1。

表 4-1　按事故严重程度分类的事故分级

等级	死亡人数	重伤人数	直接经济损失
一般事故	3 人以下	10 人以下	1000 万元以下
较大事故	3～10 人	10～50 人	1000 万元～5000 万元
重大事故	10～30 人	50～100 人	5000 万元～1 亿元
特别重大事故	30 人以上	100 人以上	1 亿元以上

　　特别重大事故：是指造成 30 人以上死亡，或者 100 人以上重伤（包括急性工业中毒，下同），或者 1 亿元以上直接经济损失的事故。

　　重大事故：是指造成 10 人以上 30 人以下死亡，或者 50 人以上 100 人以下重伤，或者 5 000 万元以上 1 亿元以下直接经济损失的事故。

　　较大事故：是指造成 3 人以上 10 人以下死亡，或者 10 人以上 50 人以下重伤，或者 1 000

万元以上 5 000 万元以下直接经济损失的事故。

一般事故：是指造成 3 人以下死亡，或者 10 人以下重伤，或者 1 000 万元以下直接经济损失的事故。

针对一些行业或领域发生事故的实际情况，《生产安全事故报告和调查处理条例》还授权有关部门制定事故等级划分的补充规定。

《中华人民共和国道路交通安全法实施条例》中将道路交通事故分为以下四类：

轻微事故：指一次造成轻伤 1 至 2 人，或者财产损失机动车事故不足 1 000 元，非机动车事故不足 200 元的事故。

一般事故：指一次造成重伤 1 至 2 人，或者轻伤 3 人以上，或者财产损失不足 3 万元的事故。

重大事故：指一次造成死亡 1 至 2 人，或者重伤 3 人以上 10 人以下，或者财产损失 3 万元以上不足 6 万元的事故。

特大事故：指一次造成死亡 3 人以上，或者重伤 11 人以上，或者死亡 1 人，同时重伤 8 人以上，或者死亡 2 人，同时重伤 5 人以上，或者财产损失 6 万元以上的事故。

4.2.2　职工伤亡事故

在《企业职工伤亡事故报告和处理规定》中，将企业职工伤亡事故规定为：企业职工在劳动过程中发生的人身伤害、急性中毒事故。它的发生可能会导致生产、科研活动的暂停或造成财产损失或人身伤亡，形成某种程度的灾害。

4.2.2.1　按伤亡事故原因分类

在国家标准《企业职工伤亡事故分类》GB 6441—1986 中，按致害原因将职工伤亡事故分为 20 类，详见表 4-2。

表 4-2　职工伤亡事故的分类（按致害原因）

序号	类别	序号	类别	序号	类别
1	物体打击	8	火灾	15	火药爆炸
2	车辆伤害	9	高处坠落	16	锅炉爆炸
3	机械伤害	10	坍塌	17	压力容器爆炸
4	起重伤害	11	冒顶片帮	18	其他爆炸
5	触电	12	透水	19	中毒和窒息
6	淹溺	13	放炮	20	其他伤害
7	灼伤	14	瓦斯爆炸		

物体打击：指失控物体的重力或惯性力造成的人身伤害事故。适用于落下物、飞来物、侧石、崩块所造成的伤害。例如，砖头、工具从建筑构等高处落下，打桩、锤击造成物体飞溅等，都属于此类伤害。不包括因爆炸、车辆、坍塌引起的物体打击。

车辆伤害：指由运动中的机动车辆引起的机械伤害事故。适用于机动车辆在行驶中的挤压、坠落、撞车、物体倒塌或倾覆等事故，以及在行驶中上下车、搭乘矿车或放飞车、车辆运输挂钩事故、跑车事故。不包括超重设备提升、牵引车辆和车辆停驶时发生的事故。

机械伤害：指由于运动或静止中的机械设备部件、工具、加工件直接与人体接触引起伤害的事故。适用于在使用和维修中的机械设备与工具引起的绞、夹、碾、剪、碰、割、戳、切等伤害。例如，工件或刀具飞出伤人，手或身体被卷入，手或其他部位被刀具碰伤、被转动的机构缠住等。不包括车辆、起重机械引起的机械伤害。

起重伤害：指从事起重作业时（包括起重机安装、检修、试验）引起的机械伤害事故。适用于各种起重作业中发生的脱钩砸人、钢丝绳断裂抽人、移动吊物撞人、绞入钢丝绳或滑车等伤害，同时包括起重设备在使用、安装过程中的倾覆事故及提升设备过卷、蹲罐等事故。

触电：指电流流经人体，造成生理伤害的事故。适用于触电、雷击伤害。例如，人体接触带电的设备金属外壳、裸露的临时线、漏电的手持电动工具，起重设备误触高压线或感应带电，雷击伤害，触电坠落等事故。

淹溺：指人落入水中，水浸入呼吸系统造成伤害的事故。适用于船舶、排筏、设施在航行、停泊、作业时发生的落水事故，包括高处坠落淹溺。不包括矿山、井下透水淹溺。

灼伤：指因接触酸、碱、盐、有机物引起的内外化学灼伤，火焰烧伤、蒸汽、热水或因火焰、高温、放射线引起的内外物理灼伤，导致皮肤及其他器官、组织损伤的事故。适用于烧伤、烫伤、化学灼伤、放射性皮肤损伤等伤害。不包括电烧伤以及火灾事故引起的烧伤。

火灾：指造成人身伤亡的企业火灾事故。不包括非企业原因造成的火灾事故，如居民火灾蔓延到企业的事故。

高处坠落：指作业人员在工作面上失去平衡，在重力作用下坠落引起的伤害事故。适用于脚手架、平台、房顶、桥梁、山崖等高于地面的坠落，也适用于因地面踏空失足坠入洞、坑、沟、升降口、漏斗等情况。不包括触电坠落事故。

坍塌：指物体在外力或重力作用下，超过自身的强度极限或因结构稳定性破坏而造成的事故。适用于因设计或施工不合理而造成的倒塌，以及土方、岩石发生的塌陷事故。例如，建筑物倒塌，脚手架倒塌，挖掘沟、坑、洞时土石的塌方等事故。不包括矿上冒顶片帮和车辆、起重机械、爆破引起的坍塌。

冒顶片帮：指矿井工作面、巷道侧壁由于支护不当、压力过大造成的坍塌，称为片帮；顶板垮落称为冒顶，二者同时发生，称为冒顶片帮。适用于矿山、地下开采、掘进及其他坑道作业发生的坍塌事故。

透水：指矿山、地下开采或其他坑道作业时，意外水源造成的伤亡事故。适用于井巷与含水岩层、地下含水带、溶洞或被淹巷道、地面水域相通时，涌水成灾的事故。不包括地面水害事故。

放炮：指施工时，放炮作业造成的伤亡事故。适用于各种爆破作业，如采石、采矿、采煤、开山、修路、拆除建筑物等工程进行的放炮作业引起的伤亡事故。

瓦斯爆炸：指可燃性气体瓦斯、煤尘与空气混合形成了浓度达到燃烧极限的混合物，接触火源时，引起的化学性爆炸事故。主要适用于煤矿，同时也适用于空气不流通，瓦斯、煤尘积聚的场合。

火药爆炸：指火药与炸药在生产、运输、储藏的过程中发生的爆炸事故。适用于火药与炸药在加工、配料、运输、储藏、使用过程中，由于振动、明火、摩擦、静电作用或因炸药的热分解作用发生的化学性爆炸事故。

锅炉爆炸：指锅炉发生的物理性爆炸事故。适用于使用工作压力大于 0.7 个大气压、以水为介质的蒸汽锅炉。不包括用于铁路机车、船舶上的锅炉以及列车电站和船舶电站的锅炉。

压力容器爆炸：指压力容器破裂引起的气体爆炸，包括容器内盛装的可燃性液化气，在容器破裂后，立即蒸发，与周围的空气混合形成爆炸性气体混合物，遇到火源时产生的化学爆炸，也称容器的二次爆炸。

其他爆炸：凡是不属于上述爆炸的事故均列入其他爆炸。

中毒和窒息：中毒是指人接触有毒物质引起的人体急性中毒事故，如误食有毒食物、呼吸有毒气体；窒息是指因为氧气缺乏，发生突然晕倒，甚至死亡的事故，如在废弃的坑道、竖井、涵洞、地下管道等不通风的地方工作，发生的伤害事故。两种现象合为一体，称为中毒和窒息事故。

其他伤害：凡是不属于上述伤害的事故均称为其他事故，如扭伤、跌伤、冻伤、野兽咬伤、钉子扎伤等。

4.2.2.2 按人员受伤害程度分类

在国家标准《企业职工伤亡事故分类》（GB 6441—1986）和《事故伤害损失工作日标准》（GB/T 15499—1995）中，按人员受伤害程度把受伤害者的伤害分成三类。

轻伤：指损失工作日为 1 个工作日以上（含 1 个工作日）、105 个工作日以下的失能伤害。

重伤：损失工作日为 105 个工作日以上（含 105 个工作日）的失能伤害，重伤的损失工作日最多不超过 6 000 日。

死亡：发生事故后当即死亡，包括急性中毒死亡或受伤后在 30 天内死亡的事故。死亡损失工作日为 6 000 日。

4.2.3 职业病危害事故

中国古代医学著作中已经提到有关职业病的内容。古罗马的老普林尼记述了奴工用猪膀胱预防熔矿烟气的办法，瑞士医生帕拉切尔苏斯提出铸造及熔炼中的劳动卫生问题。拉马齐尼所著的《论工匠的疾病》一书中，详细分析和记载了多种生产有害因素与职业病的关系。随着大工业生产及自然科学的发展，职业性疾病越来越多。

4.2.3.1 职业病的定义

职业病（occupational diseases）是指企业、事业单位和个体经济组织的劳动者在职业活动中，因接触粉尘、放射性物质和其他有毒、有害物质等因素引起的疾病。要构成《中华人民共和国职业病防治法》中规定的职业病，必须具备四个条件，缺一不可：

（1）患病主体是企业、事业单位或个体经济组织的劳动者。

（2）必须是在从事职业活动的过程中产生的。

（3）必须是因接触粉尘、放射性物质和其他有毒、有害物质等职业病危害因素引起的。

（4）必须是国家公布的职业病分类和目录所列的职业病。

在生产劳动中，接触生产中使用或产生的有毒化学物质、粉尘气雾、异常的气象条件、高低气压、噪声、振动、微波、X 射线、Y 射线、细菌、霉菌；长期强迫体位操作，局部组织器官持续受压等，均可引起职业病，将这类职业病称为广义的职业病。对其中某些危害性较大、诊断标准明确或结合国情由政府有关部门审定公布的职业病，称为狭义的职业病，或称法定（规定）职业病。

中国政府规定：诊断为职业病的，需由诊断部门向卫生主管部门报告；职业病患者在治疗休息期间，以及确定为伤残或治疗无效而死亡时，按照国家有关规定，享受工伤保险待遇或职业病待遇。

4.2.3.2 职业病的种类

2013 年 12 月，中华人民共和国国家卫生和计划生育委员会、中华人民共和国人力资源和社会保障部、中华人民共和国国家安全监督管理总局（现更名为中华人民共和国应急管理部）、中华全国总工会四个部门联合印发《职业病分类和目录》（现行）。该文件将职业病分为：职业性尘肺病及其他呼吸系统疾病、职业性皮肤病、职业性眼病、职业性耳鼻喉口腔疾病、职业性化学中毒、物理因素所致职业病、职业性放射性疾病、职业性传染病、职业性肿瘤、其他职业病，共 10 类 132 种。

4.2.3.3 导致职业病发生的因素

职业病的发生通常与生产过程中的作业环境有关，但除了作业环境对人的危害，职业病还受个体特性差异的影响。在同一职业危害作业环境中，由于个体特征的差异，各人所受到的影响可能有所不同。这些个体特征包括性别、年龄、健康状况和营养状况。人体受到环境中直接或间接有害因素的危害时，不一定都发生职业病。职业病的发病过程还取决于下列三个主要条件：

（1）有害因素的理化性质和作用部位与发生职业病密切相关。

（2）物理和化学因素对人的危害都与量有关，多大的量和浓度以及接触的时间和方式，是确诊的重要参考。

（3）劳动者个体易感性，就业前定期体检可以发现生产中有害因素的职业禁忌证。

4.2.4 突发环境事件

"环境事件"是指由于违反环境保护法律法规的经济、社会活动与行为，以及意外因素的影响或不可抗拒的自然灾害等原因致使环境受到污染，人体健康受到危害，社会经济与人民群众财产受到损失，造成不良社会影响的突发性事件。"突发环境事件"是指突然发生，造成或者可能造成重大人员伤亡、重大财产损失和对全国或者某一地区的经济社会稳定、政治安定构成重大威胁和损害，有重大社会影响的涉及公共安全的环境事件。

在 2006 年国务院颁布的《国家突发环境事件应急预案》和 2011 年中华人民共和国环境保护部令《突发环境事件信息报告办法》中，按照突发事件的严重性和紧急程度，将突发环境事件分为特别重大环境事件（Ⅰ级）、重大环境事件（Ⅱ级）、较大环境事件（Ⅲ级）和一般环境事件（Ⅳ级）四级。

4.2.4.1 特别重大环境事件（Ⅰ级）

凡是符合下列情形之一的，为特别重大环境事件：

（1）发生 30 人以上死亡，或中毒（重伤）100 人以上。

（2）因环境事件需疏散、转移群众 5 万人以上，或直接经济损失 1 000 万元以上。

（3）区域生态功能严重丧失或濒危物种生存环境遭到严重污染。

（4）因环境污染使当地正常的经济、社会活动受到严重影响。

（5）利用放射性物质进行人为破坏事件，或1、2类放射源失控造成大范围严重辐射污染后果。

（6）因环境污染造成重要城市主要水源地取水中断的污染事故。

（7）因危险化学品（含剧毒品）生产和储运中发生泄漏，严重影响人民群众生产、生活的污染事故。

4.2.4.2 重大环境事件（Ⅱ级）

凡是符合下列情形之一的，为重大环境事件：

（1）发生10人以上、30人以下死亡，或中毒（重伤）50人以上、100人以下。

（2）区域生态功能部分丧失或濒危物种生存环境受到污染。

（3）因环境污染使当地经济、社会活动受到较大影响，疏散转移群众1万人以上、5万人以下的。

（4）第1、2类放射源丢失、被盗或失控。

（5）因环境污染造成重要河流、湖泊、水库及沿海水域大面积污染，或县级以上城镇水源地取水中断的污染事件。

4.2.4.3 较大环境事件（Ⅲ级）

凡是符合下列情形之一的，为较大环境事件：

（1）发生3人以上、10人以下死亡，或中毒（重伤）50人以下。

（2）因环境污染造成跨地级行政区域纠纷，使当地经济、社会活动受到影响。

（3）第3类放射源丢失、被盗或失控。

4.2.4.4 一般环境事件（Ⅳ级）

凡是符合下列情形之一的，为一般环境事件：

（1）发生3人以下死亡。

（2）因环境污染造成跨县级行政区域纠纷，引起一般群体性影响的。

（3）第4、5类放射源丢失、被盗或失控。

上述有关分级标准数量的表述中，"以上"含本数，"以下"不含本数。

4.3 事故的统计分析

伤亡事故统计分析是伤亡事故综合分析的主要内容。它是以大量的伤亡事故资料为基础，应用数理统计的原理和方法，从宏观探索伤亡事故发生的原因及规律的过程。通过伤亡事故的综合分析，可以了解一个企业、部门在某一时期的安全状况，掌握伤亡事故发生、发展的规律和趋势，探求伤亡事故发生的原因和有关的影响因素，从而为有效地采取预防事故措施提供依据，为宏观事故预测及安全决策提供依据。

事故统计分析的目的还包括：

（1）进行企业外的对比分析。依据伤亡事故的主要统计指标进行部门与部门之间、企业与企业之间、企业与本行业平均指标之间的对比。

（2）对企业、部门在不同时期发生的伤亡事故情况进行对比，用来评价企业安全状况是否有所改善。

（3）发现企业事故预防工作存在的问题，研究改进措施，以便防止事故再次发生。

4.3.1　事故统计方法

常用的伤亡事故统计方法主要有主次图、趋势图、管理图、扇形图、玫瑰图和分布图等。

4.3.1.1　事故主次图

主次图又称排列图，是柱状图或称直方图与折线图的结合。柱状图用来表示研究对象（可依据事故统计资料分别绘制，以事故类别、事故肇事者年龄、事故致因、事故伤害程度等为对象）的绝对数，折线图则表示研究对象的累计百分比。通过主次图，人们能直观地从图中标示的数值确定与事故有关的各种因素的影响程度的大小，从而确定预防事故的主攻方向。

例如，某行业在某时期共发生各类伤亡事故 78 起，见表 4-3，现以事故类别主次图为例，对该分析方法进行说明。

表 4-3　某行业事故估计

项目	物体打击	灼烫	机械伤害	高空坠落	车辆伤害	坍塌	触电	爆炸	合计
伤亡事故人次	12	3	15	6	23	6	10	3	78

把表 4-3 中的伤亡事故人次从大到小重新进行排列并加上一列"累积比率"，即将这一行前的所有频率加到这一行的比率上，整理好如表 4-4 所示。

表 4-4　某行业事故数据及比率

项　目	伤亡事故人次	比率/%	累计比率/%
车辆伤害	23	29	29
机械伤害	15	19	48
物体打击	12	15	63
触电	10	13	76
高空坠落	6	8	84
坍塌	6	8	92
灼烫	3	4	96
爆炸	3	4	100
合计	78	100	

首先，从某行业在某时期的事故统计资料中取出与事故类别分析相关的数据。然后，用横坐标表示事故类别的项目，并且按各类别出现事故人次数的多少自左向右顺序排列；用左侧纵坐标表示伤亡事故人次数，并根据其对应关系做出与事故类别项目相等的矩形，用矩形的不同高度示意不同的事故频数；用右侧的纵坐标表示累计百分（比）率，将各单项的比率自左到右

依次累加，并用点标在各矩形右侧或中心线的延长线上，即可连成一条从左向右上升的折线，称为累计百分比曲线。至此，该行业这个时期内的事故类别主次图已经完成，如图4-2所示。

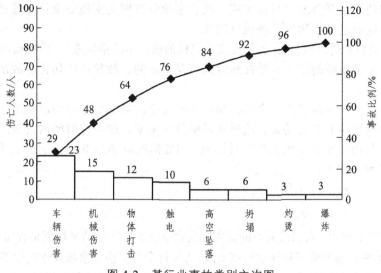

图4-2 某行业事故类别主次图

在上述分析的基础上可以明确，事故预防的重点对象是那些累计比率在70%~80%的项目。这样的项目数在总的项目数中占的比例相对比较小，但这恰恰体现着主次图分析法的一个特点，它有助于我们将极其重要的少数问题与无关紧要的多数问题区别开来，并重点对待。

4.3.1.2 事故趋势图

伤亡事故发生趋势图是一种折线图。它用不间断的折线来表示各统计指标的数值大小和变化，最适合于表现事故发生与时间的关系。

事故发生趋势图用于图示事故发生趋势分析。事故发生趋势分析是按时间顺序对事故发生情况进行统计分析，它按照时间顺序对比不同时期的伤亡事故统计指标，展示伤亡事故发生趋势和评价某一时期内企业的安全状况。图4-3所示是某企业负伤频率与时间构成的事故趋势图。由该图可以看出，从2000年到2007年负伤频率稳定下降。

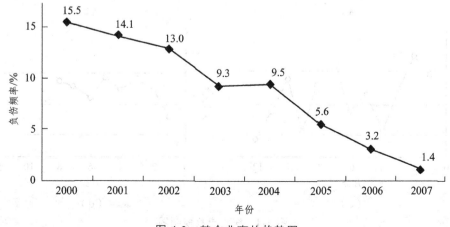

图4-3 某企业事故趋势图

4.3.1.3　伤亡事故管理图

伤亡事故管理图也称伤亡事故控制图。为了预防伤亡事故的发生，降低伤亡事故发生频率，企业、部门广泛开展安全目标管理。伤亡事故管理图是实施安全目标管理中，为及时掌控事故发生情况而经常使用的一种统计图表。

在实施安全目标管理时，把作为年度安全目标的伤亡事故指标逐月分解，确定月份管理目标。

一般地，一个单位的职工人数在短时间内是稳定的，故往往以伤亡事故次数作为安全管理的目标值。

如前所述，在一定时期内一个单位伤亡事故发生次数的概率分布服从泊松分布，并且泊松分布的数学期望和方差都是 λ。这里 λ 是事故发生率，即单位时间内的事故发生次数。若以 λ 作为每个月伤亡事故发生次数的目标值，当置信度取 90% 时，按下述公式确定安全目标管理的上限 U 和下限 L：

$$U = \lambda + 2\sqrt{\lambda} \tag{4-1}$$

$$L = \lambda - 2\sqrt{\lambda} \tag{4-2}$$

在实际安全工作中，人们最关心的是实际伤亡事故发生次数的平均值是否超过安全目标，所以，往往不必考虑管理下限而只注重管理上限，力争每个月里伤亡事故发生次数不超过管理上限。

绘制伤亡事故控制图时，以月份为横坐标，事故次数为纵坐标，用实线画出控制目标线，用虚线画出控制上限和控制下限，并注明数值和符号，如图 4-4 所示。把每个月的实际伤亡事故次数标注在图中相应位置上，并将代表各月份伤亡事故发生次数的点连成折线，根据数据点的分布情况和折线的总体走向，可以判断当前的安全状况。

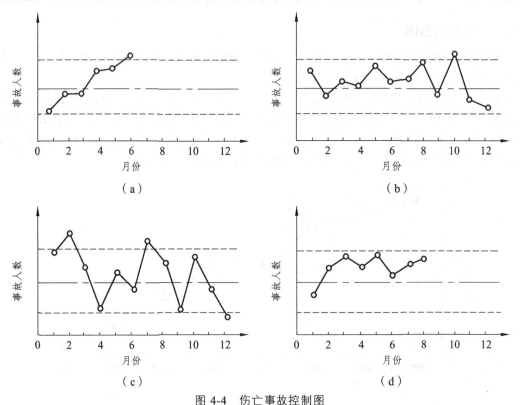

图 4-4　伤亡事故控制图

正常情况下，各月份的实际伤亡事故发生次数应该在控制上限范围之内，围绕安全目标值随机波动。当控制图上出现下列情况之一时，就应该认为安全状况发生了变化，不能实现预定的安全目标，需要查明原因及时改正：

（1）个别数据点超出了控制上限，见图4-4（a）。

（2）连续数据点在目标值以上，见图4-4（b）。

（3）多个数据点连续上升，见图4-4（c）。

（4）大多数数据点在目标值以上，见图4-4（d）。

4.3.1.4 其他方法

除了上述方法以外，还有扇形图、玫瑰图和分布图等。

扇形图用一个圆形中各个扇形面积的大小不同来代表各种事故因素、事故类别、统计指标所占的比例，又称为圆形结构图。

玫瑰图利用圆的角度表示事故发生的时序，用径向尺度表示事故发生的频数。

分布图把曾经发生事故的地点用符号在厂区、车间的平面图上表示出来。不同的事故利用不同的颜色和符号，符号的大小代表事故的严重程度。

4.3.2 事故统计指标

事故的指标体系包括五大绝对指标和四大相对指标，如图4-5所示。

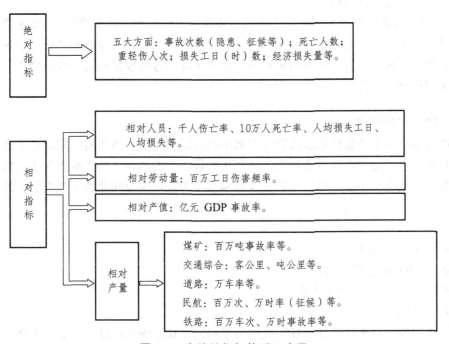

图4-5 事故的指标体系示意图

事故绝对指标是指事故次数、死亡人数、重轻伤人数、损失工日数［指受害者失能的工作时间、经济损失（量）（发生事故所引起的一切经济损失，包括直接经济损失和间接经济损失）］。

事故相对指标是表示事故伤亡、损失等情况的有关数值与基准总量的比例。国际劳工组织（ILO）主持召开的第六次国际劳动统计会议上规定了统一的指标，即伤亡事故频率和伤亡事故严重率。

在理论上，事故相对指标具有以下几种模式：

人/人模式——伤亡人数相对员工（职工）数，如千人（万人）死亡（重伤、轻伤）率等。

人/产值模式——伤亡人数相对生产产值（GDP），如亿元 GDP（产值）死亡（重伤、轻伤）率等。

人/产量模式——伤亡人数相对生产产量，如矿业百万吨（煤、矿石）、道路交通万车、航运万艘（船）死亡（重伤、轻伤）率等。

损失日/人模式——事故损失工日相对员工数、劳动投入量（工日），如百万工日（时）伤害频率、人均损失工日等。

经济损失/人模式——事故经济损失相对员工（职工）数，如万人损失率等。

经济损失/产值模式——事故经济损失相对生产产值（GDP），如亿元 GDP（产值）损失率等。

经济损失/产量模式——事故经济损失相对生产产量，如矿业百万吨（煤、矿石）、道路交通万车（万时）损失率等。

为了便于统计、分析、评价企业、部门的伤亡事故发生情况，需要规定一些通用的、统一的统计指标。在 1948 年 8 月召开的国际劳工组织会议上，确定了以伤亡事故频率和伤害严重率作为伤亡事故统计指标。

2004 年，国务院发布《国务院关于进一步加强安全生产工作的决定》，要求建立全国和分省（区、市）的事故控制指标体系，对安全生产情况实行定量控制和考核，国家安全生产监督管理总局（现为中华人民共和国应急管理部）将通过新闻发布会、政府公告、简报等形式，每季度进行一次情况通告。

4.3.2.1　伤亡事故频率

生产过程中发生的伤亡事故次数与参加生产的职工人数、经历的时间及企业的安全状况等因素有关。在一定的时间内参加生产的职工人数不变的场合，伤亡事故发生次数主要取决于企业的安全状况。于是，可以用伤亡事故频率作为表征企业安全状况的指标，即：

$$a = \frac{A}{N \cdot T} \tag{4-3}$$

式中　a——伤亡事故频率；

　　　A——伤亡事故发生的次数；

　　　N——参加生产的职工人数；

　　　T——统计时间。

世界各国的伤亡事故统计指标的规定不尽相同。我国国家标准《企业职工伤亡事故分类标准（GB 6441—1986）》规定，按千人死亡率、千人重伤率和伤害频率计算伤亡事故频率。

千人死亡率：某一时期内平均每千名职工中因工伤事故造成死亡的人数，即：

$$千人死亡率 = \frac{死亡人数}{平均职工数} \times 10^3 \tag{4-4}$$

千人重伤率：某一时期内平均每千名职工中因工伤事故造成重伤的人数，即：

$$千人重伤率 = \frac{重伤人数}{平均职工数} \times 10^3 \qquad (4-5)$$

伤害频率：某一时期内平均每百万工时由工伤事故导致的伤害人数，即：

$$伤害频率 = \frac{伤害人数}{实际总工时数} \times 10^6 \qquad (4-6)$$

目前我国仍然沿用劳动部门规定的工伤事故频率作为统计指标：

$$工伤事故频率 = \frac{本时期内工伤事故人次}{本时期内在册职工人数} \times 10^3 \qquad (4-7)$$

习惯上把它叫作千人负伤率。

4.3.2.2　事故严重率

我国国家标准《企业职工伤亡事故分类标准（GB 6441—1986）》规定，按伤害严重率、伤害平均严重率和按产品产量计算死亡率等指标来计算事故严重率。

伤害严重率：某一时期内平均每百万工时因事故造成的损失工作日数，即：

$$伤害严重率 = \frac{损失工作日总数}{实际总工时数} \times 10^6 \qquad (4-8)$$

国家标准中规定了工伤事故损失工作日算法，其中规定永久性全失能伤害或死亡的损失工作日为 6 000 个工作日。

伤害平均严重率：受伤害的每人次平均损失工作日数，即：

$$伤害平均严重率 = \frac{损失工作日总数}{伤害人数} \qquad (4-9)$$

按产品产量计算的死亡率：这种统计指标适用于以吨、立方米为产量计算单位的企业和部门。例如：

$$百万吨煤（或钢）死亡率 = \frac{死亡人数}{实际产量} \times 10^6 \qquad (4-10)$$

$$万立方米木材死亡率 = \frac{死亡人数}{木材产量（m^3）} \times 10^4 \qquad (4-11)$$

4.3.3　事故统计项目

在伤亡事故统计分析中，选择统计分类项目是非常重要的。只有选择了合适的分类项目，才有可能在此基础上收集相关数据，并进行相应的统计分析，得出我们进行管理决策所需要的依据；反之则不然。如机械能伤害是工伤事故中最主要的一种伤害形式，但若统计机械能伤害的数量，则在大多数情况下对指导安全管理工作毫无意义。在吸收了国外先进经验的基础上，我国事故统计的分类项目除事故类别、人的不安全行为和物的不安全状态外，还有受伤部位、受伤性质、起因物、致害物、伤害方式等 5 项。

◆ 受伤部位

受伤部位是指人体受伤的部位。一般按颅脑、面额部、眼部、鼻、耳、口、颈部、胸部、腹部、腰部、脊柱、上肢、腕及手、下肢等统计受伤部位。

◆ 受伤性质

受伤性质是从医学角度给予具体创伤的特定名称。一般按电伤、挫伤、轧伤、压伤、倒塌压埋伤、辐射损伤、割伤、擦伤、刺伤、骨折、化学性灼伤、撕脱伤、扭伤、切断伤、冻伤、烧伤、烫伤、中暑、冲击伤、生物致伤、多伤害、中毒等统计受伤性质。

◆ 起因物

起因物是导致事故发生的物体、物质，包括锅炉、压力容器、电气设备、起重机械、泵或发动机、企业车辆、船舶、动力传送机构、放射性物质及设备、非动力手工工具、电动手工工具、其他机械、建筑物及构筑物、化学品、煤、石油制品、水、可燃性气体、金属矿物、非金属矿物、粉尘、木材、梯、工作面、环境、动物、其他。

◆ 致害物

致害物指直接引起伤害及中毒的物体或物质，包括煤、石油产品、木材、水、放射性物质、电气设备、梯、空气、工作面、矿石、黏土、砂、石、锅炉、压力容器、大气压力、化学品、机械、金属件、起重机械、噪声、蒸汽、非动力手工工具、电动手工工具、动物、企业车辆、船舶。

◆ 伤害方式

伤害方式指致害物与人体发生接触的方式，包括碰撞、撞击、坠落、跌倒、坍塌、淹溺、灼烫、火灾、辐射、爆炸、中毒、触电、接触、掩埋、倾覆。

4.3.4　事故原因分析

根据事故发生的各种因素，分析导致事故的直接原因和间接原因，以便采取措施，防止同类事故的再次发生。例如，2013 年 6 月 3 日，位于吉林省德惠市的吉林宝源丰禽业有限公司发生的特别重大火灾爆炸事故，经过事故分析认为导致事故发生的直接原因是：宝源丰公司主厂房一车间的女更衣室西面和毗连的二车间配电室的上部电气线路短路，引燃周围可燃物，当火势蔓延到氨设备和氨管道区域，燃烧产生的高温导致氨设备和氨管道发生物理爆炸，大量氨气泄漏，介入了燃烧。事故的间接原因是：宝源丰公司安全生产主体责任未落实，公安消防部门履行消防监督管理职责不力，建设部门在工程项目建设中监管严重缺失，安全监管部门履行安全生产综合监管职责不到位，地方政府安全生产监督管理职责落实不力等。

4.3.5　事故统计分析中应注意的问题

事故的发生是一种随机现象。按照伯努利（Bernoulli）大数定律，只有样本容量足够大时，随机现象出现的频率才趋于稳定。样本容量越小，即观测的数据量越少，随机波动越强烈，统计结果的可靠性越差。据国外的经验，观测低于 20 万工时的场合，统计的伤亡事故频率将有明显的波动，往往很难做出正确的判断；在观测达到 100 万工时的场合可以得到比较稳定的结果。

在应用统计分析的方法研究伤亡事故发生规律或利用伤亡事故统计指标评价企业的安全

状况时，为了获得可靠的统计结果，应该设法增加样本容量。可以从两个方面采取措施扩大样本容量。

4.3.5.1　延长观测期间

对于职工人数较少的单位，可以通过适当增加观测期间来扩大样本容量。例如，采用千人负伤率作为统计指标时，如果以月为单位统计，得到的统计结果波动性很大；如果以年为单位统计，则得到的统计结果比较稳定。图4-6为某企业3年间伤亡事故统计情况，把统计期间由月改为年，降低了随机波动性。

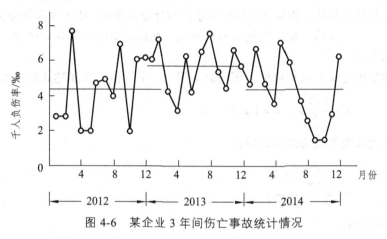

图 4-6　某企业 3 年间伤亡事故统计情况

4.3.5.2　扩大统计范围

事故的发生具有随机性，事故发生后有无伤害及其严重程度也具有随机性，并且根据海因里希法则，越严重的伤害出现的概率越小。因此，统计范围越小，即仅统计其伤害达到一定程度的事故，则统计结果的随机波动性越大。例如，某企业连续3年伤亡事故死亡人数分别为20人、15人和10人。从表面上看，3年中死亡人数从20人减少到10人，减少了一半，但是考虑到置信度为95%的置信区间，可以认为死亡人数的减少可能是随机因素造成的，不能说明企业的实际安全状况发生了变化（见表4-5）。所以说，对于规模不大的企业，用死亡人数来评价其安全状况是无意义的。

表 4-5　某企业连续 3 年伤亡事故死亡人数与置信区间

第一年		第二年		第三年	
死亡人数	置信区间	死亡人数	置信区间	死亡人数	置信区间
20	（13～29）	15	（9～23）	10	（5～17）
第一年与第二年死亡人数差 5			第二年与第三年死亡人数差 5		

一般的伤亡事故统计只统计损失工作日1天及1天以上的事故，为了扩大样本容量，可以把损失工作日不到1天的轻微伤害事故也统计进去。

4.3.6　事故统计分析的理论基础

事故的发生是一种随机现象。随机现象在一定条件下可能发生也可能不发生，在个别试验、观测中呈现出不确定性，但在大量重复试验、观测中又具有统计规律性。研究随机现象需要借助概率论和数理统计的方法。

事故的统计分析就是运用概率论和数理统计的方法来研究事故发生的规律。事故统计数据可以把危险状况展现在人们面前，提高人们对事故的认识，使存在的问题暴露出来。

4.3.6.1 基本概念

在概率论及数理统计中通过随机变量来描述随机现象。按定义，随机变量是"当对某量重复观测时仅由于机会而产生变化的量"。它与人们通常接触的变量概念不同。随机变量不能适当地用一个数值来描述，必须用实际数字系统的分布来描述。由于实际数字分布系统不同，随机变量分为离散型随机变量和连续型随机变量。在描述事故的统计规律时，需要恰当地确定随机变量的类型。

为了描述随机变量的分布情况，利用数学期望（平均值）来描述其数值的大小，即：

$$\bar{x} = \frac{1}{n}\sum_{i=1}^{n} x_i \quad (i = 1, 2, 3, \cdots, n) \tag{4-12}$$

利用方差来描述其随机波动情况，即：

$$\sigma^2 = \frac{\sum_{i=1}^{n}(x_i - \bar{x})^2}{n-1} \tag{4-13}$$

式中　x_i——观测值。

某一随机现象在统计范围内出现的次数称为频数。如果与某种随机现象对应的随机变量是连续型随机变量，则往往把它的观测值划分为若干个等级区段，然后考察某一等级区段对应的随机现象出现的次数。在某一规定值以下所有随机现象出现的频数之和称为累计频数。某种随机现象出现的频数与被观测的所有随机现象出现的总次数之比称为频率。表 4-6 所示为某企业两年内每个月事故发生次数及频率分布情况。图 4-7 为该企业事故的频数分布；图 4-8 为其累计频数分布。

表 4-6　某企业两年内每个月事故发生次数与频率分布

事故次数	频数	累计频数	频率	累计频率
0	1	1	0.04167	0.04167
1	2	3	0.08333	0.12500
2	3	6	0.12500	0.25000
3	4	10	0.16667	0.41667
4	4	14	0.16667	0.53333
5	3	17	0.12500	0.70833
6	2	19	0.08333	0.79167
7	2	21	0.08333	0.87500
8	1	22	0.04167	0.91666
9	1	23	0.04167	0.95833
>10	1	24	0.04167	1.00000

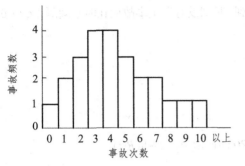

图 4-7 某企业两年内的事故频数分布

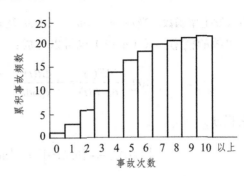

图 4-8 某企业两年内的事故累计频数分布

频率在一定程度上反映了某种随机现象出现的可能性。但是，在观测次数少的场合频率呈现出强烈的波动性。随着观测次数的增加，频率逐渐稳定于某一常数，此常数称为概率，它是随机现象发生可能性的度量。

4.3.6.2 理论分析

在研究事故发生的统计规律时，我们关心的是在一定时间间隔内事故发生的次数，即事故发生率；或两次事故之间的时间间隔，即无事故时间。事故发生率和无事故时间是衡量一个企业或部门安全程度的重要指标。

◆ 无事故时间

无事故时间，是指两次事故之间的间隔时间，故又称为事故间隔时间。

根据大量观测、研究，事故的发生与生产、生活活动的经历时间有关。设以某次事故发生后的瞬间作为研究的初始时刻，到 t 时刻发生事故的概率记为 $F(t)$（取值为 P_r），不发生事故的概率记为 $R(t)$，则事故时间分布函数，即事故发生概率为：

$$F(t) = P_r\{T \leqslant t\}$$
$$F(0) = 0 \tag{4-14}$$

而不发生事故的概率为：

$$R(t) = 1 - F(t)$$
$$R(0) = 1 \tag{4-15}$$

当事故时间分布函数 $F(t)$ 可微分时，则

$$f(t) = \frac{\mathrm{d}F(t)}{\mathrm{d}t}$$
$$F(t) = \int_0^t f(t)\mathrm{d}t \tag{4-16}$$

这里，$f(t)$ 称为概率密度函数。当 $\mathrm{d}t$ 非常小时，$f(t)\mathrm{d}t$ 表示在时间间隔（t, $t+\mathrm{d}t$）内发生事故的概率。定义：

$$\lambda(t) = \frac{f(t)}{R(t)} \tag{4-17}$$

为事故发生率函数。当 $\mathrm{d}t$ 非常小时，$\lambda(t)\mathrm{d}t$ 表示到 t 时刻没有发生事故而在时间间隔 $(t, t+\mathrm{d}t)$ 内发生事故的概率。式（4-17）也可以写成：

$$\lambda(t) = \frac{\mathrm{d}F(t)}{\mathrm{d}t \cdot R(t)} = -\frac{\mathrm{d}R(t)}{R(t)\mathrm{d}t} \tag{4-18}$$

把它积分：

$$\int_0^t \lambda(t)\mathrm{d}t = -\left[\ln R(t)\right]_0^t = -\left[\ln R(t) - \ln R(0)\right] = 1 - \ln R(t)$$
$$R(t) = \mathrm{e}^{\int_0^t \lambda(t)\mathrm{d}t} \tag{4-19}$$

于是，自初始时刻到 t 时刻事故发生概率为：

$$F(t) = 1 - R(t) = 1 - \mathrm{e}^{-\int_0^t \lambda(t)\mathrm{d}t} \tag{4-20}$$

式中，事故发生率函数 $\lambda(t)$ 决定了 $F(t)$ 的分布形式。

当事故发生率为常数，即 $\lambda(t) = \lambda$ 时，事故发生概率变为指数分布：

$$F(t) = 1 - \mathrm{e}^{-\lambda t} \tag{4-21}$$

$$f(t) = \lambda \mathrm{e}^{-\lambda t} \tag{4-22}$$

事故发生率 λ 是指数分布唯一的分布参数，也是一个具有实际意义的参数。它表示单位时间内发生事故的次数，是衡量企业安全状况的重要指标。严格地讲，任何企业的事故发生率都是不断变化的。但是，在考察一段比较短的时间间隔内的事故发生情况时，为简单起见，我们可以近似地认为事故发生率是恒定的。

指数分布的数学期望 $E(x)$ 为：

$$E(x) = \frac{1}{\lambda} \tag{4-23}$$

它等于事故发生率 λ 的倒数，通常记为 θ，称为平均无事故时间或平均事故间隔时间。显然平均无事故时间越长越好。

指数分布的方差 $V(x)$ 为：

$$V(x) = \frac{1}{\lambda^2} \tag{4-24}$$

指数分布的方差比较大。

图 4-9 为指数分布的 $f(t)$。

◆ 事故次数

在事故统计中经常以一定时间间隔内发生的事故次数作为统计指标。当事故时间分布服从指数分布，即事故发生率 λ 为常数时，一定时间间隔内事故发生次数 $N(t)$ 服从泊松（Poisson）分布。

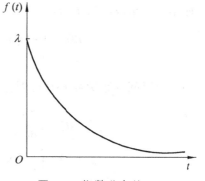

图 4-9　指数分布的 $f(t)$

设时刻 $t = 0$ 到 t 时刻发生 n 次事故的概率 $P_n(t)$ 取值为 P_r：

$$P_n(t) = P_r\{N(t) = n\} \tag{4-25}$$

则对于 $n = 0,1,2\cdots$，有：

$$P_n(t) = \frac{(\lambda t)^n}{n!} e^{\lambda t} \tag{4-26}$$

该式称为参数 λt 的泊松分布。由该式可以导出到 t 时刻发生不超过 n 次事故的概率为：

$$P_r\{N(t) \leqslant n\} = \sum_{k=0}^{k} \frac{(\lambda t)^k}{k!} e^{\lambda t} \tag{4-27}$$

在实际事故统计中往往固定时间间隔并取其为单位时间，即 $t = 1$，例如一个月或一年等。这种场合发生 n 次事故的概率为：

$$f(n) = \frac{\lambda^n}{n!} e^{-\lambda} \tag{4-28}$$

该式称为参数 λ 的泊松分布。图 4-10 为不同参数的泊松分布。

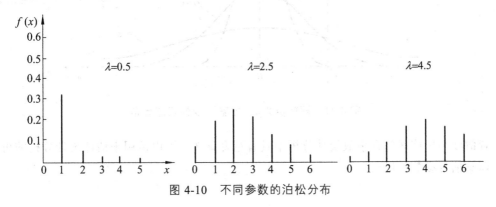

图 4-10 不同参数的泊松分布

在单位时间内发生事故不超过 n 次的概率 $F(\leqslant n)$ 为：

$$F(\leqslant n) = \sum_{k=0}^{n} \frac{\lambda^k}{k!} e^{-\lambda} \tag{4-29}$$

发生 n 次以上事故的概率 $F(> n)$ 为：

$$F(> n) = 1 - F(\leqslant n) = 1 - \sum_{k=0}^{n} \frac{\lambda^k}{k!} e^{-\lambda} \tag{4-30}$$

参数 λt 的泊松分布，其数学期望和方差都是 λt，参数 λ 的泊松分布其数学期望和方差都是 λ。

◆ 置信区间

随机地从总体中抽取一个样本，在推断总体期望值的场合，我们可以根据样本观测值计算样本的期望值 $\hat{\theta}$。根据总体分布的概率密度函数，可以求出 $\hat{\theta}$ 落入任意两个值 t_1 与 t_2 之间的概率。对于某一特定的概率（$1 - \alpha$），如果：

$$P_r(t_1 \leqslant \hat{\theta} \leqslant t_2) = 1 - \alpha \tag{4-31}$$

则称 t_1 与 t_2 之间（包括 t_1、t_2 在内）的所有值的集合为参数 $\hat{\theta}$ 的置信区间，t_1 和 t_2 分别为置信上限和置信下限。对应于置信区间的特定概率（$1-\alpha$）称为置信度，α 称为显著性水平。

例如，期望值为 μ、方差为 σ 的正态分布，其观测值的 94.45% 可能落入（$\mu \pm 2\sigma$）的范围内（见图 4-11）。这相当于置信度为 94.45% 的置信区间为（$\mu - 2\sigma$）~（$\mu + 2\sigma$），即当从总体中反复多次抽样时，每组样本观测值确定一个区间（$\mu \pm 2\sigma$），在这些区间内包含 μ 的约占 95%，不包含 μ 的约占 5%。

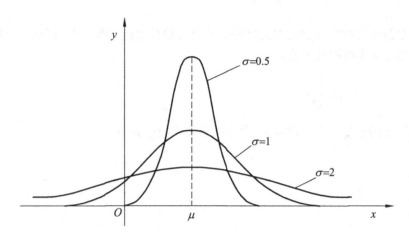

图 4-11 期望值为 μ、方差为 σ 的正态分布

置信度与置信区间在事故统计分析中具有重要意义，可以被用来估计统计分析的可靠程度，以及估计参数的区间。

4.4 事故经济损失的统计方法

为了适应我国经济体制改革的深入发展，适应事故统计工作科学化、标准化的要求，加强和完善伤亡事故的统计和处理，客观地评价伤亡事故的经济损失及其对生产效益的影响，国家在 1986 年颁布了《企业职工伤亡事故经济损失统计标准》GB 6721—1986（以下简称《标准》），对伤亡事故经济损失的概念、统计范围、计算方法和评价指标都做出了明确的规定。

4.4.1 事故经济损失的定义

《标准》对伤亡事故经济损失的定义如下："伤亡事故经济损失是指企业职工在劳动生产过程中发生伤亡事故所引起的一切经济损失"。由于伤亡事故经济损失内容繁多、涉及面广，为了便于统计和管理，通常将其划分为直接经济损失和间接经济损失。

直接经济损失是指因事故造成人身伤亡及善后处理支出的费用和毁坏财产的价值。

间接经济损失是指因事故导致产值减少、资源破坏和受事故影响而造成其他损失的价值。

4.4.2 事故经济损失的统计范围

《标准》是依据事故损失与事故本身的关系来划分直接经济损失和间接经济损失的。这不仅有利于全面了解和分析事故的经济损失状况，也符合我国各部门、各企业处理伤亡事故的实际情况。该标准所规定的直接经济损失和间接经济损失的统计范围分别如表4-7所示。

表4-7 事故经济损失的统计范围

损失类型		统计范围
直接经济损失	人身伤亡后所支出的费用	医疗费用（含护理费），丧葬及抚恤费用，补助及救济费用，歇工工资
	善后处理费用	处理事故的事务性费用，现场抢救费用，清理现场费用，事故罚款和赔偿费用
	财产损失价值	固定资产损失价值，流动资产损失价值
间接经济损失	停产、减产损失价值，工作损失价值，资源损失价值，处理环境污染的费用，补充新职工的培训费用，其他损失费用	

4.4.3 伤亡事故经济损失的计算方法

计算公式：

$$E = E_d + E_i \tag{4-32}$$

式中　E——事故经济损失，万元；

E_d——直接经济损失，万元；

E_i——间接经济损失，万元。

按表4-7所示的统计范围，各项目的计算方法如下：

（1）医疗费用。它是指用于治疗受伤害职工所开支的费用，如药费、治疗费、住院费等在卫生部门开支的费用，以及为照顾受伤职工请（派）专人护理所支出的费用。后者由事故发生单位支付，统计时，只需填入实际费用即可。对那些在事故处理结案后仍需治疗的被伤害职工的医疗费用，按《标准》附录中的计算公式予以统计，即：

$$M = M_b + \frac{M_b}{P} D_c \tag{4-33}$$

式中　M——被伤害职工的医疗费，万元；

M_b——被伤害职工日前的医疗费，万元；

P——事故发生之日至结案日的天数，d；

D_c——延续医疗天数，由企业劳资、安全、工会等部门根据医生诊断意见确定，d。

上述公式只是测算一名受伤害职工的医疗费。一次事故中多名受伤害职工的医疗费用应累计计算。

（2）歇工工资。它是指工伤职工在自事故之日起的实际歇工期内，企业支付其本人的工资总额。歇工工资无论是在工资基金中开支，还是在保险福利费中开支，都应作为经济损失如实统计上报。当歇工日超过事故结案日时，歇工工资按《标准》附录给出的下述公式进行统计：

$$L = L_q(D_a + D_k)$$　　　　　　　　　　　　　（4-34）

式中　　L——受伤害职工的歇工工资，元；

　　　　L_q——受伤害职工的日工资，元；

　　　　D_a——至事故结案日期的歇工日，d；

　　　　D_k——延续歇工日，即事故结案后还需要继续歇工的时间，由企业劳资、安全、工会与有关部门酌情商定，d。

（3）处理事故的事务性费用，包括交通费、差旅费、接待其亲属的费用以及事故调查的费用。

（4）处理工作中所需的聘请费、器材费以及尸体处理费用等。此项费用按实际支出如实统计。

（5）现场抢救费用，指事故发生时，外部人员为了控制和终止灾害，援救受灾人员脱离危险现场的费用，如火灾事故现场救火所需要的费用等，救护员的费用要列在医疗费中统计。

（6）清理现场费用，指清理事故现场的尘毒污染以及为恢复生产而对事故现场进行整理和清除残留物所支出的费用，如修复管道线路等所需的费用。

（7）事故罚款和赔偿费用。事故罚款是指上级单位依据有关法规对事故单位的罚款，不包括对事故责任者的罚款。赔偿费用是指企业因发生事故不能按期完成合同而导致的对外单位的经济赔偿以及因造成公共设施的损坏而发生的赔偿费用，不包括对个人的赔偿和因此造成环境污染的赔偿。

（8）固定资产损失价值，包括报废的固定资产损失价值和损坏（有待修复）的固定资产损失价值两个部分。前者用固定资产净值减去固定资产残值计算（按财务部门规定统计），后者按修复费用统计。

（9）流动资产损失价值。流动资产是指企业生产和流通领域中不断变换形态的物质，如原材料、辅助材料、在制品、半成品及成品等，原材料、辅助材料等流动资产的损失价值按账面减去残留值计算；成平、半成品、在制品等流动资产的损失价值均以企业实际成本减去残值计算。

（10）工作损失价值的计算。事故受害者的劳动能力部分或全部丧失而造成的损失称为工作损失，用损失工作日来计算。其损失价值称为工作损失价值，以被伤害职工能为国家创造的价值来表示。之所以用损失工作日数来计算工作损失，是因为由事故造成的劳资者劳动时间的减少与伤害的严重程度成正比。

被伤害职工因事故造成的工作损失价值按下式来计算：

$$V_m = D_1 \frac{M}{S \cdot D}$$　　　　　　　　　　　　（4-35）

式中：V_m——工作损失价值，万元；

　　　　D_1——一起事故的损失工作日数，d。死亡一名职工按 6 000 个工作日计算，受伤职工视其伤害情况按有关规定确定损失工作日数；

　　　　M——企业上年税利（税金加利润），万元；

　　S——企业上年平均职工人数，人；

　　D——企业上年法定工作日数，d。

（11）资源损失价值。这里主要指工伤事故造成的物质资源损失价值。由于物质损失情况比较复杂，可能会出现难以计算其损失价值的局面，因而常常采用商榷或估算的办法。一般情况下资源损失价值的计算是先确定受损的项目，然后逐项计算或估算损失价值，最后将结果求和。

（12）处理环境污染的费用，主要包括排污费、赔偿损失费、保护费和治理费。

（13）补充新职工的培训费用。

4.4.4　事故经济损失的评价标准和严重程度分级

　　伤亡事故经济损失的计算，是遵循我国现行的管理制度和财会制度，按事故经济损失的实际情况，分项统计、累计相加完成的，即如前所述。

　　由于不同的行业、不同的企业在规模、产值等方面存在着一定的甚至相当大的差异，因此，如果单纯采用绝对的经济损失值来评价和比较其安全管理工作尚不够全面、客观和合理，还应当考虑采用相对的评价标准。《标准》中所规定的千人经济损失率和百万元产值经济损失率，就是从经济的角度出发衡量企业安全生产状况，评价伤亡事故对企业经济效益影响的相对指标。

　　千人经济损失率 R_s：将事故经济损失与职工群众的切身利益相连接，表明了全体职工中平均每千人出事故遭受的经济损失程度。千人经济损失率 R_s 按下式计算：

$$R_s = \frac{E}{S} \times 10^3 \tag{4-36}$$

式中　R_s——千人经济损失率，万元/千人；

　　　E——全年经济损失，万元；

　　　S——企业平均职工人数，人。

　　百万元产值经济损失率 R_v：企业平均每创造 100 万元产值中因事故而损失掉的经济价值，它直接反映了事故经济损失给企业的经济效益带来的影响。百万元产值经济损失率 R_v 按下式计算：

$$R_v = \frac{E}{V} \times 10^2 \tag{4-37}$$

式中　R_v——百万元产值经济损失率，万元/百万元；

　　　E——全年经济损失，万元；

　　　V——企业总产值，万元。

　　为了定性、定量地衡量事故的经济损失，除了用千人经济损失率和百万元产值损失率两个指标进行评价以外，还可以在评价事故严重程度的基础上，按经济损失严重程度对伤亡事故进行分级，即：

（1）特别重大事故——直接经济损失 1 亿元以上。

（2）重大事故——直接经济损失 5 000 万元以上 1 亿元以下。

（3）较大事故——直接经济损失 1 000 万元以上 5 000 万元以下。

（4）一般事故——直接经济损失 1 000 万元以下。

注："以上"包括本数，"以下"不包括本数。

综上所述，企业职工伤亡事故经济损失可归纳为用于伤亡者的费用、物资损失、生产成果的减少、因劳动时间的丧失而减少或引起劳动价值的损失以及因事故引起的其他损失这五个方面。毫无疑问，这些损失都会给职工的物质、精神生活，给企业的正常生产秩序和经营效益带来恶劣的影响；因此，从经济效益的角度出发，明确安全管理的意义是非常必要的。

4.5　事故的调查与处理

做好事故的调查、统计、分析工作，有利于掌握事故情况，查明事故原因，分清事故的责任，拟定改进措施，防止事故重复发生。

4.5.1　事故报告

4.5.1.1　报告时间与程序

《生产安全事故报告和调查处理条例》（国务院令第 493 号）规定：事故发生后，事故现场有关人员应当立即向本单位负责人报告；单位负责人接到报告后，应当于 24 小时内向事故发生地县级以上人民政府安全生产监督管理部门和负有安全生产监督管理职责的有关部门报告。

情况紧急时，事故现场有关人员可以直接向事故发生地县级以上人民政府安全生产监督管理部门和负有安全生产监督管理职责的有关部门报告。

安全生产监督管理部门和负有安全生产监督管理职责的有关部门接到事故报告后，应当依照下列规定上报事故情况，并通知公安机关、劳动保障行政部门、工会和人民检察院：特别重大事故、重大事故逐级上报至国务院安全生产监督管理部门和负有安全生产监督管理职责的有关部门；较大事故逐级上报至省、自治区、直辖市人民政府安全生产监督管理部门和负有安全生产监督管理职责的有关部门；一般事故上报至设区的市级人民政府安全生产监督管理部门和负有安全生产监督管理职责的有关部门。

安全生产监督管理部门和负有安全生产监督管理职责的有关部门依照规定上报事故情况，应当同时报告本级人民政府。国务院安全生产监督管理部门和负有安全生产监督管理职责的有关部门以及省级人民政府接到发生特别重大事故、重大事故的报告后，应当立即报告国务院。

必要时，安全生产监督管理部门和负有安全生产监督管理职责的有关部门可以越级上报事故情况。

安全生产监督管理部门和负有安全生产监督管理职责的有关部门逐级上报事故情况，每级上报的时间不得超过 2 小时。

4.5.1.2 事故报告内容

事故报告内容应当包括：事故发生单位概况；事故发生的时间、地点以及事故现场情况；事故的简要经过；事故已经造成或者可能造成的伤亡人数（包括下落不明的人数）和初步估计的直接经济损失；已经采取的措施，其他应当报告的情况。

4.5.1.3 其他规定

（1）自事故发生之日起 30 日内，事故造成的伤亡人数发生变化的，应当及时补报。道路交通事故、火灾事故自发生之日起 7 日内，事故造成的伤亡人数发生变化的，应当及时补报。

（2）事故发生单位负责人接到事故报告后，应当立即启动事故相应应急预案，或者采取有效措施、组织抢救，防止事故扩大，减少人员伤亡和财产损失。

（3）事故发生地有关地方人民政府、安全生产监督管理部门和负有安全生产监督管理职责的有关部门接到事故报告后，其负责人应当立即赶赴事故现场，组织事故救援。

（4）事故发生后，有关单位和人员应当妥善保护事故现场以及相应证据，任何单位和个人不得破坏事故现场、毁灭相关证据。因抢救人员、防止事故扩大以及疏通交通等原因，需要移动事故现场物件的，应当做出标志，绘制现场简图并做出书面记录，妥善保存现场重要痕迹、物证。

（5）事故发生地公安机关根据事故的情况，对涉嫌犯罪的，应当依法立案侦查，采取强制措施和侦查措施。犯罪嫌疑人逃匿的，公安机关应当迅速追捕归案。

（6）安全生产监督管理部门和负有安全生产监督管理职责的有关部门应当建立值班制度，并向社会公布值班电话，受理事故报告和举报。

4.5.2 事故调查

4.5.2.1 事故调查组织及基本原则

事故调查组织是指按事故严重程度等级，组成相应的调查组，对事故进行调查和分析。

特别重大事故由国务院或者国务院授权有关部门组织事故调查组进行调查。

重大事故、较大事故、一般事故分别由事故发生地省级人民政府、设区的市级人民政府、县级人民政府负责调查，省级人民政府、设区的市级人民政府、县级人民政府可以直接组织事故调查组进行调查，也可以授权或者委托有关部门组织事故调查组进行调告。

未造成人员伤亡的一般事故，县级人民政府也可以委托事故发生单位组织事故调查组进行调查。

上级人民政府认为必要时，可以调查由下级人民政府负责调查的事故。自事故发生之日起 30 日内（道路交通事故、火灾事故自发生之日起 7 日内），因事故伤亡人数变化导致事故等级发生变化，依照本条例规定应当由上级人民政府负责调查的，上级人民政府可以另行组织事故调查组进行调查。

特别重大事故以下等级事故，事故发生地与事故发生单位不在同一个县级以上行政区域的，由事故发生地人民政府负责调查，事故发生单位所在地人民政府应当派人参加。

事故调查组的组成应当遵循精简、效能的原则。根据事故的具体情况，事故调查组由有关人民政府、安全生产监督管理部门、负有安全生产监督管理职责的有关部门、监察机关、公安机关以及工会派人组成，并应当邀请人民检察院派人参加。事故调查组可以聘请有关专家参与调查。

事故调查组成员应当具有事故调查所需要的知识和相关专长，并与所调查的事故没有直接利害关系。

事故调查组组长由负责事故调查的人民政府指定。事故调查组组长主持事故调查组的工作。

事故调查组履行下列职责：

（1）查明事故发生的经过、原因、人员伤亡情况及直接经济损失。

（2）认定事故的性质和事故责任。

（3）提出对事故责任者的处理建议。

（4）总结事故教训，提出防范和整改措施。

（5）提交事故调查报告。

事故调查组有权向有关单位和个人了解与事故有关的情况，并要求其提供相关文件、资料，有关单位和个人不得拒绝。

事故发生单位的负责人和有关人员在事故调查期间不得擅离职守，并应当随时接受事故调查组的询问，如实提供有关情况。

事故调查中发现涉嫌犯罪的，事故调查组应当及时将有关材料或者其复印件移交司法机关处理。

事故调查中需要进行技术鉴定的，事故调查组应当委托具有国家规定资质的单位进行技术鉴定。必要时，事故调查组可以直接组织专家进行技术鉴定。技术鉴定所需时间不计入事故调查期限。

事故调查组成员在事故调查工作中应当诚信公正、恪尽职守，遵守事故调查组的纪律，保守事故调查的秘密。

事故调查组应当自事故发生之日起 60 日内提交事故调查报告；特殊情况下，经负责事故调查的人民政府批注，提交事故调查报告的期限可以适当延长，但延长的期限最长不超过 60 日。

事故调查报告应当包括下列内容：

（1）事故发生单位概况。

（2）事故发生经过和事故救援情况。

（3）事故造成的人员伤亡和直接经济损失。

（4）事故发生的原因和事故性质。

（5）事故责任的认定以及对事故责任者的处理建议。

（6）事故防范和整改措施。

（7）事故调查报告应当附具有关证据材料。

事故调查组成员应当在事故调查报告上签名。事故调查报告报送负责事故调查的人民政府后，事故调查工作即告结束。事故调查的有关资料应当归档保存。

4.5.2.2 事故调查的程序及项目

◆ 现场处理

事故发生后，应首先救护受害者，采取措施制止事故蔓延、扩大；凡是与事故有关的物体、痕迹、状态不得破坏，保护好事故现场；为抢救受害者，需移动现场某些物体时，必须做好标志。

◆ 物证收集

物证是指破坏部件、碎片残留物、致害物及其位置等；在现场收集到的所有物体均应贴上标签，注明地点、时间、管理者；所有物体应保持原样，不准冲洗擦拭；对健康有害的物品应采取不损坏原始证据的安全保护措施。

◆ 事故事实材料搜集

与事故有关的事实材料的收集，主要从以下几方面考虑：

（1）与事故鉴别、记录有关的材料，包括事故发生的单位、地点、时间、受害人和肇事者的姓名、性别、年龄、文化程度、职业、技术等级、工龄、本工种工龄、支付工资形式；受害者和肇事者的技术情况、接受安全教育情况；出事当天，受害者和肇事者什么时间开始工作、工作内容、工作量、作业程序，操作时的动作或位置，受害者和肇事者过去的事故记录。

（2）事故发生的有关事实材料，包括事故发生前设备、设施等的性能和质量状况；对使用的材料，必要时进行物理性能或化学性能实验分析；有关设计和工艺方面的技术文件、工作指令和规章制度方面的资料及执行情况，关于环境方面的情况，如照明、温度、湿度、通风、声响、色彩、道路、工作面情况以及工作环境中的有毒有害物质取样分析记录；个人防护措施状况，即个人防护用品的有效性、质量、使用范围；事前受害者和肇事者的健康与精神状况；其他有可能与事故有关的细节或因素。

◆ 证人材料的收集

要尽快寻找被调查者搜集材料。对证人的口述材料，应认真考证其真实程度。

◆ 现场摄影

包括显示残骸和受害者原始存息地的所有照片；可能被清除或被践踏的痕迹，如刹车痕迹，地面和建筑物痕迹。火灾引起损害的照片，下落物的空间等；事故现场全貌，利用摄影、录像，以提供较完善的信息内容。

◆ 事故图

报告中的事故图，应包括了解事故情况所必需的信息，如事故现场示意图、流程图、受害者位置图等。

4.5.2.3 事故调查的内容与方法

事故调查的内容：应包括与事故有关的人、与事故有关的物以及管理状况与事故经过。其具体内容如图 4-12 所示。

事故调查方法：应从现场勘察、调查询问入手，收集人证、物证材料，进行必要的技术鉴定和模拟试验，寻求事故原因及责任者，并提出防范措施。事故调查方法如图 4-13 所示。

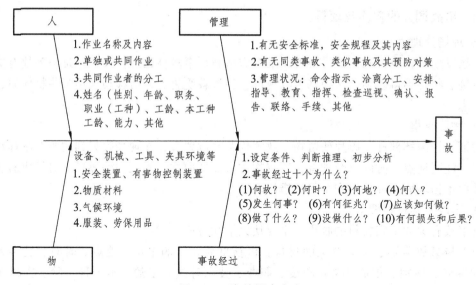

图 4-12　事故调查内容

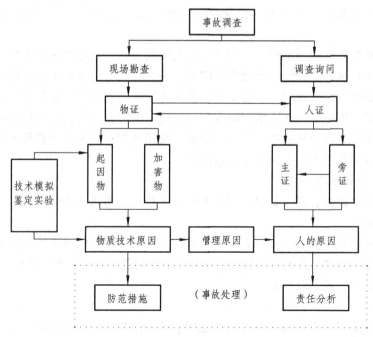

图 4-13　事故调查方法

4.5.2.4　事故调查中应弄清的几个问题

（1）在什么情况下，为什么发生事故。

（2）在操作什么机器或进行什么作业时发生事故。

（3）事故的性质和原因是什么。

（4）机器设备工具是否合乎安全要求。

（5）防护工具是否完好。

（6）劳动组织是否合理。

（7）操作是否正确、正常。

（8）有无规章制度，并且是否认真贯彻执行。

（9）负伤者的工种、职别及其作业的熟练程度如何。

（10）工种间的相互协作如何。

（11）劳动条件是否安全。

（12）道路是否畅通。

（13）工作地点是否满足作业需要。

（14）通风、照明是否良好。

（15）有无必要的完全装置和信号装置。

4.5.3　事故分析与处理

4.5.3.1　事故分析

首先，需要整理和阅读调查材料。

然后，进行材料分析。对受害者的受伤部位、受伤性质、起因物、致害物、伤害方式、不安全状态、不安全行为等进行分析、讨论和确认。

再者，分析事故直接原因。事故直接原因分析是对人的不安全行为和物的不安全状态的分析。

其次，进行事故间接原因分析。主要是对事故发生起间接作用的管理因素的分析。

最后，分析及处理事故责任。事故责任分析是在查明事故的原因后，应分清事故的责任，使企业领导和职工从中吸取教训，改进工作，在事故责任分析中，通过调查事故的直接原因和间接原因，确定事故的直接责任者和领导责任者及其主要责任者，并根据事故后果对责任者提出处理意见。

4.5.3.2　事故处理

重大事故、较大事故、一般事故，负责事故调查的人民政府应当自收到事故调查报告之日起 15 日内做出批复；特别重大事故，30 日内做出批复，特殊情况下，批复时间可以适当延长，但延长的时间最长不超过 30 日。

有关机关应当按照人民政府的批复，依照法律、行政法规规定的权限和程序，对事故发生单位和有关人员进行行政处罚，对负有事故责任的国家工作人员进行处分。

事故发生单位应当按照负责事故调查的人民政府的批复，对本单位负有事故责任的人员进行处理。负有事故责任的人员涉嫌犯罪的，依法追究刑事责任。

事故发生单位应当认真吸取事故教训，落实防范和整改措施，防止事故再次发生。防范和整改措施的落实情况应当接受工会和职工的监督。

安全生产监督管理部门和负有安全生产监督管理职责的有关部门应当对事故发生单位落实防范和整改措施的情况进行监督检查。

事故处理的情况由负责事故调查的人民政府或者其授权的有关部门、机构向社会公布，依法应当保密的除外。

4.5.4　事故结案归档

伤亡事故结案归档是处理事故的最后一个环节，对事故调查分析的结果进行归纳整理、建档，有利于指导安全教育、事故预防等工作，对制定安全生产法规、制度以及隐患整改提供了重要依据。

事故处理结案后，应归档的事故资料包括：

（1）职工伤亡事故登记表。

（2）职工死亡、重伤事故调查报告书及批复。

（3）现场调查记录、图纸、照片等。

（4）技术鉴定和试验报告。

（5）物证和人证材料。

（6）直接经济损失和间接经济损失材料。

（7）事故责任者的自述材料。

（8）医疗部门对伤亡人员的诊断书。

（9）发生事故时的工艺条件、操作情况和设计资料。

（10）处分决定和受处分人员的检查材料。

（11）有关事故的通报、简报及文件。

（12）参加调查组的人员名单、职务及单位。

习题与思考题

1. 简述事件、事故的定义。事故的指标和特征是什么？

2. 简述我国事故的分类。

3. 事故统计分析的目的是什么？

4. 常用的事故统计分析的方法和指标有哪些？进行事故统计分析过程中应注意哪些问题？

5. 简述事故调查的目的、意义、程序和内容。

6. 事故调查报告应如何编写？

第 5 章 事故致因理论

5.1 事故致因理论的产生与发展

5.1.1 事故致因理论的相关术语

◆ 安全

安全（Safety），顾名思义，"无危则安，无缺则全"，即安全意味着没有危险且尽善尽美，这与人的传统安全观念相吻合。随着对安全问题研究的逐步深入，人类对安全的概念有了更深的认识，并从不同的角度给它下了各种定义。

其一，安全是指客观事物的危险程度能够为人们普遍接受的状态。

其二，安全是指没有引起死亡、伤害、职业病或财产、设备的损失或损坏或环境危害的条件。

其三，安全是指不因人、机、媒介的相互作用而导致系统损失、人员伤害、任务受影响或造成时间的损失。

◆ 安全生产

安全生产是指在生产过程中消除或控制危险及有害因素，保障人身安全健康、设备完好无损及生产顺利进行。

◆ 事故

对于事故，人们从不同的角度出发对其会有不同的理解。在《辞海》中给事故下的定义是"意外的变故或灾祸"。会计师算错了账是工作事故，产品出了质量问题是质量事故，而在安全科学中所研究的事故则与之又有所不同，其关于事故的定义有：

事故是可能涉及伤害、非预谋性事件。

事故是造成伤亡、职业病、设备或财产的损坏或环境危害的一个或一系列事件。

事故是违背人的意志而发生的意外事件。

事故是人（个人或集体）在为实现某种意图而进行的活动过程中，突然发生的、违反人的意志的、迫使活动暂时或永久停止的事件。

◆ 隐患

所谓隐患（Hidden Peril），是指隐藏的祸患，事故隐患即隐藏的、可能导致事故的祸患，这是一个在长期工作实践中大家形成的共识，含义与英文 Hazard（危险源）相同，一般是指那些有明显缺陷、毛病的事物，相当于人的不安全行为、物的不安全状态。

◆ 未遂事件

未遂事故是指有可能造成严重后果，但由于其偶然因素，实际上没有造成严重后果的事件。

◆ 二次事故

二次事故是指由外部事件或事故引发的事故，包括自然灾害在内的与本系统无直接关联的事件。

◆ 工伤事故

在生产区域中发生的和生产有关的伤亡事故称为工伤事故。工伤事故包括工作意外事故和职业病所致的伤残及死亡。

"伤"是指劳动者在工作中因发生意外事故而导致身体器官或生理功能受到损害。它分为器官损伤、职业病损伤两种情况，通常表现为暂时性的、部分性的劳动能力丧失。

"残"是指劳动者因公负伤或患职业病后，虽然治疗、休养，但仍难痊愈，致使身体功能或智力不全。

◆ 伤亡事故

伤亡事故（Injury），简称伤害，是个人或集体在行动过程中接触了与周围条件有关的外来能量，作用于人体，致使人体生理机能部分或全部丧失。

◆ 损失工作日

损失工作日是指被伤害者失能的工作时间。

◆ 暂时性失能伤害

暂时性失能伤害是指使受伤害者或中毒者暂时不能从事原岗位工作的伤害。

◆ 永久性部分失能伤害

永久性部分失能伤害是指使受伤害者或中毒者肢体或某些器官部分功能发生不可逆的或永久丧失的伤害。

◆ 永久性全失能伤害

永久性全失能伤害是指除死亡外，一次事故中，使受伤者造成完全残疾的伤害。

◆ 三违

"三违"是指违章指挥、违章操作和违反劳动纪律。

◆ 起因物

导致事故发生的物体、物质，称为起因物。

◆ 致害物

致害物是指直接引起伤害及中毒的物体或物质。

◆ 伤害方式

伤害方式是指致害物与人体发生接触的方式。

◆ 不安全状态

不安全状态是指能导致事故发生的物质条件。

◆ 不安全行为

不安全行为是指能造成事故的人为错误。

◆ 安全距离

安全距离是指为了防止人体触及或接近带电体，防止车辆或其他物体碰撞或接近带电体等造成的危险，在其间所需保持的一定的空间距离。

◆　安全管理

安全管理是为了实现安全生产而组织和使用人力、物力和财力等各种物质资源的过程。它利用计划、组织、指挥、协调、控制等管理机能，控制来自自然界的机械、物质的不安全因素及人的不安全行为，避免发生伤亡事故，保证职工的生命安全和健康，保证生产顺利进行。

◆　安全目标

安全目标包括：重大事故次数、死亡人数指标、伤害频率或伤害严重率、事故造成的经济损失、作业点尘毒达标率、劳动安全卫生措施完成率、隐患整改率、设施完好率、全员教育率、特种作业人员培训率等。

◆　安全教育

安全教育的内容主要包括：安全生产思想教育，安全生产方针政策教育，安全技术和劳动卫生知识教育，典型经验和事故教训教育，现代安全管理知识教育。三级安全教育，即厂级教育、车间教育和班组教育。

◆　安全技术措施

安全技术措施包括以防止工伤事故为目的的一切措施，如各种设施、设备以及安全防护装置、保险装置、信号装置和安全防爆设施等。

◆　安全分级管理

安全分级管理就是把企业分为若干个安全管理层次，分别规定各层次的安全管理职能，使之既有明确分工，又能有机配合，从而实现全面的安全管理。一般分为三个层次，即厂级、车间级和班组级。

◆　"四不伤害"

四不伤害即不伤害自己、不伤害他人、不被他人伤害、保护他人不受伤害。

◆　"四不放过"原则

"四不放过"原则即事故原因不查清不放过、防范措施不落实不放过、职工群众未受到教育不放过、事故责任者未受到处理不放过。

◆　安全生产五要素

安全生产五要素包括安全文化、安全法规、安全责任、安全科技、安全投入。

◆　"三同时"

"三同时"是指新建、改建、扩建项目的安全生产设施与主体工程同时设计、同时施工、同时投入生产和使用。

◆　危险、有害因素

危险因素是指能对人造成伤亡或对物造成突发性损害的因素。有害因素是指能影响人的身体健康，导致疾病，或对物造成慢性损害的因素。通常情况下，二者并不加以区分而统称为危险、有害因素。危险、有害因素主要是指客观存在的危险、有害物质或能量超过一定限值的设备、设施和场所等。

◆　重大危险源

重大危险源是指长期或临时地生产、加工、搬运、使用或贮存危险物质，且危险物质数量等于或超过临界量的单元。

5.1.2 事故产生的原因分析

根据事故特性可知，事故的原因和结果之间存在着某种规律，所以，研究事故，最重要的是找出事故发生的原因。

事故的原因分为事故的直接原因和间接原因。

5.1.2.1 物的故障

物包括机械设备、设施、装置、工具、用具、物质、材料等。根据物在事故发生中的作用，可分为起因物和致害物两种，起因物是指导致事故发生的物体或物质，致害物是指直接引起伤害或中毒的物体或物质。

物的故障是指机械设备、设施、装置、元部件等在运行或使用过程中由于性能（含安全性能）低下而不能实现预定的功能（包括安全功能）时产生的现象。不安全状态是存在于起因物上的，是使事故能发生的不安全的物体条件或物质条件。从安全功能的角度来看，物的不安全状态也是物的故障。物的故障可能是由于设计、制造缺陷造成的；也可能是由于安装、搭设、维修、保养、使用不当或磨损、腐蚀、疲劳、老化等原因造成的；还可能由于认识不足、检查人员失误、环境或其他系统的影响等造成的。但故障发生的规律是可知的，通过定期检查、维修保养和分析总结可使多数故障在预定期限内得到控制（避免或减少）。因此，掌握各类故障发生的规律和故障率是防止故障发生造成严重后果的重要手段。

发生故障并导致事故发生的各种危险有害因素，主要表现在发生故障、错误操作时的防护、保险、信号等装置缺乏、缺陷，设备、设施在强度、刚度、稳定性、人机关系上有缺陷等。例如，安全带及安全网质量低劣，为高处坠落事故的发生提供了条件；超载限制或高度限位安全装置失效使钢丝绳断裂、重物坠落；电线和电气设备绝缘损坏、漏电保护装置失效造成触电伤人，这些都是物的故障引起的危险有害因素。

5.1.2.2 人的失误

人的失误是指人的行为结果偏离了被要求的标准，即没有完成规定功能的现象。人的不安全行为也属于人的失误。人的失误会造成能量或危险物质控制系统故障，使屏蔽破坏或失效，从而导致事故发生。广义的屏蔽是指约束、限制能量，防止人体与能量接触的措施。

人的失误包括人的不安全行为和管理失误两个方面。

◆ 人的不安全行为

人的不安全行为是指违反安全规则或安全原则，使事故有可能或有机会发生的行为。违反安全规则或安全原则包括违反法律法规、标准、规范、规定，也包括违反大多数人都知道并遵守的不成文的安全原则，即安全常识。

根据《企业职工伤亡事故分类标准（GB 6441—1986）》，人的不安全行为包括：操作错误、忽视安全、忽视警告；造成安全装置失效；使用不安全设备；手代替工具操作；物体存放不当；冒险进入危险场所；攀、坐不安全位置；在起吊物下作业、停留；机器运转时进行加油、修理、检查、调整等工作；有分散注意力的行为；在必须使用个人防护用具的作业或场合中，忽视其使用；不安全装束；对易燃、易爆等危险物品处理错误。例如，在起重机的吊钩下停留，不发信号就启动机器；吊索用具选用不当，吊物绑挂方式不当使钢丝绳断裂，吊物失稳坠落；拆除安全防护装置等，都是人的不安全行为。

人的不安全行为可以是本不应做而做了某件事，或本不应该这样做（应该用其他方式做）而这样做了某件事，也可以是应该做某件事但没有做。

有不安全行为的人可能是受伤害者，也可能不是受伤害者。

不能仅仅因为行为是不安全的就定为不安全行为。例如，高处作业有明显的安全风险。然而，这些安全风险通过采取适当的预防措施可以克服。因此，这种作业不应被认为是不安全行为。

◆ 管理失误

管理失误表现在以下方面：

（1）对物的管理失误，有时称技术上的缺陷（原因），包括：技术、设计、结构上有缺陷，作业现场、作业环境的安排设置不合理等缺陷，防护用品缺少或有缺陷等。

（2）对人的管理失误，包括：教育、培训、指示、对施工作业任务和施工作业人员的安排等方面的缺陷或不当。

（3）对管理工作的失误，包括：施工作业程序、操作规程和方法、工艺过程等的管理失误；安全监控、检查和事故防范措施等的管理失误；对采购安全物资的管理失误等。

5.1.2.3 环境的影响

人和物存在的环境，即施工生产作业环境中的温度、湿度、噪声、振动、照明或通风换气等方面的问题，会促使人的失误或物的故障发生。环境影响因素包括：

（1）物理因素：噪声、振动、温度、湿度、照明、风、雨、雪、视野、通风换气、色彩等物理因素可能成为危险。

（2）化学因素：爆炸性物质、腐蚀性物质、可燃液体、有毒化学品、氧化物、危险气体等化学因素。化学性物质的形式有液体、粉尘、气体、蒸汽、烟雾等。化学性物质可通过呼吸道吸入、皮肤吸收、误食等途径进入人体。

（3）生物因素：细菌、真霉菌、昆虫、病毒、植物、原生虫等生物因素，感染途径有食物、空气、唾液等。

5.1.3 事故致因理论的定义及其产生、发展过程

从事故的定义和特性可知，事故是违背人的意志而发生的意外事件。而且事故具有明显的因果性和规律性。因而，要想找出事故的根本原因，进而预防和控制事故，就必须在千变万化、各种各样的事故中发现共性的东西，把其抽象出来，即把感性的认识与积累的经验升华到理论的水平，反过来指导实践，并在此基础上，制定出事故控制的最有效方案。这类查明事故为什么发生、是怎样发生的以及如何防止事故发生的理论，被称为事故致因理论或事故发生及预防理论。

事故致因理论是从大量典型事故的本质原因的分析中提炼出来的事故机理和事故模型。这些机理和模型反映了事故发生的规律性，能够为事故的定性定量分析，为事故的预测预防，为改进安全管理工作，从理论上提供科学的、完整的依据。

事故致因理论是一定生产力发展水平的产物。在生产力发展的不同阶段，生产过程中存

在的安全问题有所不同，特别是随着生产形式的变化，人在工业生产过程中所处的地位发生变化，引起人的安全观念的变化，使事故致因理论不断发展完善。

在 20 世纪 50 年代以前，资本主义工业化大生产飞速发展，美国福特公司的大规模流水线生产方式得到广泛应用。这种生产方式利用机器的自动化迫使工人适应机器，包括操作要求和工作节奏，一切以机器为中心，人成为机器的附属和奴隶。与这种情况相对应，人们往往将生产中的事故原因推到操作者的头上。1919 年，格林伍德（M. Greenwood）和伍兹（H. Woods）提出了"事故倾向性格"论，之后纽伯尔德（Newboid）在 1926 年以及法默（Farmer）在 1939 年分别对其进行了补充。该理论认为，从事同样的工作和在同样的工作环境下，某些人比其他人更易发生事故，这些人是事故倾向者，他们的存在会使生产中的事故增多；如果通过人的性格特点区分出这部分人而不予雇佣，则可以减少工业生产事故。这种理论把事故致因归咎于人的天性，至今仍有某些人赞成这一理论，但是后来的许多研究结果并没有证实此理论的正确性。

1936 年美国人海因里希（W. H. Heinrich）提出了事故因果连锁理论。海因里希认为，伤害事故的发生是一连串的事件，按一定因果关系依次发生的结果。他用五块多米诺骨牌来形象地说明这种因果关系，即第一块牌倒下后会引起后面的牌连锁反应而倒下，最后一块牌即为伤害。因此，该理论也被称为"多米诺骨牌"理论。多米诺骨牌理论建立了事故致因的事件链这一重要概念，并为后来者研究事故机理提供了一种有价值的方法。海因里希曾经调查了 75 000 件工伤事故，发现其中有 98% 是可以预防的。在可预防的工伤事故中，以人的不安全行为为主要原因的占 89.8%，而以设备的、物质的不安全状态为主要原因的只占 10.2%。按照这种统计结果，绝大部分工伤事故都是由于工人的不安全行为引起的。海因里希还认为，即使有些事故是由于物的不安全状态引起的，其不安全状态的产生也是由于工人的错误所致。因此，这一理论与事故倾向性格论一样，将事件链中的原因大部分归咎于操作者的错误，表现出时代的局限性。

第二次世界大战爆发后，高速飞机、雷达、自动火炮等新式军事装备的出现，带来了操作的复杂性和紧张度，使得人们难以适应，常常发生动作失误。于是，产生了专门研究人类的工作能力及其限制的学问——人机工程学，它对战后工业安全的发展也产生了深刻的影响。人机工程学的兴起标志着工业生产中人与机器关系的重大改变。以前是按机械的特性来训练操作者，让操作者满足机械的要求；现在是根据人的特性来设计机械，使机械适合人的操作。这种在人机系统中以人为主、让机器适合人的观念，促使人们对事故原因重新进行认识。越来越多的人认为，不能把事故的发生简单地说成是操作者的性格缺陷或粗心大意，应该重视机械的、物质的危险性在事故中的作用，强调实现生产条件、机械设备的固有安全，才能切实有效地减少事故的发生。1949 年，葛登（Gorden）利用流行病传染机理来论述事故的发生机理，提出了"用于事故的流行病学方法"理论。葛登认为，流行病病因与事故致因之间具有相似性，可以参照分析流行病因的方法分析事故。流行病的病因有三种：① 当事者（病者）的特征，如年龄、性别、心理状况、免疫能力等；② 环境特征，如温度、湿度、季节、社区卫生状况、防疫措施等；③ 致病媒介特征，如病毒、细菌、支原体等。这三种因素的相互作用，可以导致人发生疾病。与此类似，对于事故，一要考虑人的因素，二要考虑作业环境因素，三要考虑引起事故的媒介。这种理论比只考虑人的失误的早期事故致因理论有了较大的进步，它明确提出了事故因素间的关系特征，事故是三种因素相互作用的结果，并推动了关于这三种因素的研究和调查。但是，这种理论也有明显的不足，主要是关于事故致因的媒介。作为致病媒介的病毒等在任何时间和场合都是确定的，只是需要分辨并采取措施防治；而作为导致事故的媒介到底是什么，还需要识别和定义，否则该理论无太大用处。

1961 年由吉布森（Gibson）提出，并在 1966 年由哈登（Hadden）引申的"能量异常转移"论，是事故致因理论发展过程中的重要一步。该理论认为，事故是一种不正常的，或不希望的能量转移，各种形式的能量构成了伤害的直接原因。因此，应该通过控制能量或者控制能量的载体来预防伤害事故，防止能量异常转移的有效措施是对能量进行屏蔽。能量异常转移论的出现，为人们认识事故原因提供了新的视野。例如，在利用"用于事故的流行病学方法"理论进行事故原因分析时，就可以将媒介看成是促成事故的能量，即有能量转移至人体才会造成事故。

20 世纪 70 年代后，随着科学技术的不断进步，生产设备、工艺及产品越来越复杂，信息论、系统论、控制论相继成熟并在各个领域获得广泛应用。对于复杂系统的安全性问题，采用以往的理论和方法已不能很好地解决，因此出现了许多新的安全理论和方法。在事故致因理论方面，人们结合信息论、系统论和控制论的观点、方法，提出了一些有代表性的事故理论和模型。相对来说，20 世纪 70 年代以后是事故致因理论比较活跃的时期。20 世纪 60 年代末（1969 年）由瑟利（J. Surry）提出，20 世纪 70 年代初得到发展的瑟利模型，是以人对信息的处理过程为基础描述事故发生因果关系的一种事故模型。这种理论认为，人在信息处理过程中出现失误从而导致人的行为失误，进而引发事故。与此类似的理论还有 1970 年的海尔（Hale）模型，1972 年威格里沃思（Wigglesworth）的"人失误的一般模型"，1974 年劳伦斯（Lawrence）提出的"金矿山人失误模型"，以及 1978 年安德森（Anderson）等人对瑟利模型的修正等等。这些理论均从人的特性与机器性能和环境状态之间是否匹配和协调的观点出发，认为机械和环境的信息不断地通过人的感官反映到大脑，人若能正确地认识、理解、判断，做出正确决策和采取行动，就能化险为夷，避免事故和伤亡；反之，如果人未能察觉、认识所面临的危险，或判断不准确而未采取正确的行动，就会发生事故和伤亡。由于这些理论把人、机、环境作为一个整体（系统）看待，研究人、机、环境之间的相互作用、反馈和调整，从中发现事故的致因，揭示出预防事故的途径，所以，也有人将它们统称为系统理论。

动态和变化的观点是近代事故致因理论的又一基础。1972 年，本尼尔（Benner）提出了在处于动态平衡的生产系统中，由于"扰动"（Perturbation）导致事故的理论，即 P 理论。此后，约翰逊（Johnson）于 1975 年发表了"变化—失误"模型，1980 年诺兰茨（W. E. Talanch）在《安全测定》一书中介绍了"变化论"模型，1981 年佐藤音信提出了"作用—变化与作用连锁"模型。近十几年来，比较流行的事故致因理论是"轨迹交叉"论。该理论认为，事故的发生不外乎是人的不安全行为（或失误）和物的不安全状态（或故障）两大因素综合作用的结果，即人、物两大系统时空运动轨迹的交叉点就是事故发生的所在，预防事故的发生就是设法从时空上避免人、物运动轨迹的交叉。与轨迹交叉论类似的理论是"危险场"理论。危险场是指危险源能够对人体造成危害的时间和空间的范围。这种理论多用于研究存在诸如辐射、冲击波、毒物、粉尘、声波等危害的事故模式。

事故致因理论的发展虽然还很不完善，还没有给出对于事故调查分析和预测预防方面的普遍和有效的方法。然而，通过对事故致因理论的深入研究，必将在安全管理工作中产生以下深远影响：

（1）从本质上阐明事故发生的机理，奠定安全管理的理论基础，为安全管理实践指明正确的方向。

（2）有助于指导事故的调查分析，帮助查明事故原因，预防同类事故的再次发生。

（3）为系统安全分析、危险性评价和安全决策提供充分的信息和依据，增强针对性，减少盲目性。

（4）有利于让定性的物理模型向定量的数学模型发展，为事故的定量分析和预测奠定基础，真正实现安全管理的科学化。

（5）增加安全管理的理论知识，丰富安全教育的内容，提高安全教育的水平。

5.2　典型事故致因理论

5.2.1　事故频发倾向论

"事故频发倾向论"认为，人为事故比较容易发生在很少一部分人身上，他们是事故多发者。

1919 年格林伍德和 1926 年纽伯尔德，都曾认为事故在人群中并非随机地分布，某些人比其他人更易发生事故。因此，就用某种方法将有事故倾向的工人与其他人区别开来。这种理论的缺点是过分夸大了人的性格特点在事故中的作用，而且不能解释何以在同等危险暴露的情况下，人们受伤害的概率并非都不相等。

1939 年，法默和凯姆伯斯又重复提出：一个有事故倾向的人具有较高的事故率，而与工作任务、生活环境和经历等无关。

1951 年，阿布斯和克利克的研究指出，个别人的事故率具有明显的不稳定性，对具有事故倾向的个性类型的量度界限难于测定。由于该说法被广泛批评，使这一单因素（具有事故倾向的素质论）理论被排出事故致因理论的地位。1971 年邵合赛克尔主张将这一观点提供给工种考选作为参考，他只着意于多发事故，而丝毫无意涉及人的个性参数。

根据"事故倾向论"，把"事故多发者"分到危险性小的工作岗位，会产生降低工伤事故的效果。

5.2.2　海因里希因果连锁论

海因里希因果连锁论又称海因里希模型或多米诺骨牌理论。在该理论中，海因里希借助于多米诺骨牌形象地描述了事故的因果连锁关系，即事故的发生是一连串事件按一定顺序互为因果依次发生的结果，如一块骨牌倒下，则将发生连锁反应，使后面的骨牌依次倒下，如图 5-1 所示。

海因里希模型中的 5 块骨牌（即事故产生的 5 个因素）依次是：

（1）遗传及社会环境（M）。遗传因素可能使人具有鲁莽、固执、粗心等不良性格；社会环境可能妨碍教育，助长不良性格的发展。这是事故因果链上最基本的因素。

（2）人的缺点（P）。人的缺点是由遗传和社会环境因素造成的，是使人产生不安全行为或使物产生不安全状态的主要原因。这些缺点既包括各类不良性格，也包括缺乏安全生产知识和技能等后天的不足。

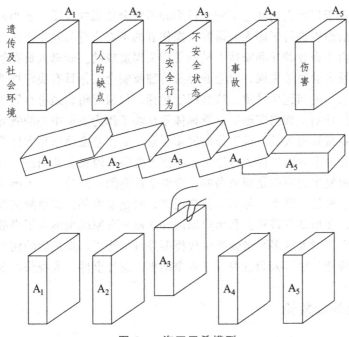

图 5-1 海因里希模型

（3）人的不安全行为和物的不安全状态（H）。这是造成事故的直接原因。

（4）事故（D）。事故是指由物体、物质或放射线等对人体发生作用，使人员受到伤害或可能受到伤害的、出乎意料的、失去控制的事件。

（5）伤害（A）。伤害是指直接由于事故而产生的人身伤害。

该理论的积极意义在于，如果移去因果连锁中的任意一块骨牌，则连锁被破坏，事故过程即被终止，达到控制事故的目的。海因里希还强调指出，企业安全工作的中心就是要移去中间的骨牌，即防止人的不安全行为和物的不安全状态，从而中断事故的进程，避免伤害的发生。当然，通过改善社会环境，使人具有更为良好的安全意识，加强培训，使人具有较好的安全技能，或者加强应急抢救措施，也能在不同程度上移去事故连锁中的某一骨牌或增加该骨牌的稳定性，使事故得到预防和控制。

不过，海因里希理论也存在明显的不足，即它对事故致因连锁关系的描述过于简单化、绝对化，也过多地考虑了人的因素。尽管如此，由于其形象化以及在事故致因研究中的先导作用，使其有着重要的历史地位。后来，博德（Frank BLrd）、亚当斯（Edward Adams）等人也在此基础上进行了进一步的修改和完善，使因果连锁的思想得以进一步发扬光大，取得了较好的成果。

博德（Frank Bird）在海因里希事故因果连锁理论的基础上，提出了现代事故因果连锁理论。博德事故因果连锁理论认为：事故的直接原因是人的不安全行为、物的不安全状态；间接原因包括个人因素及与工作有关的因素。根本原因是管理的缺陷，即管理上存在的问题或缺陷是导致间接原因存在的因素，间接原因的存在又导致直接原因存在，最终导致事故发生。博德的事故因果连锁理论同样包含五个因素，分别为管理缺陷、工作原因、直接原因、事故、损失。

亚当斯（Edward Adams）提出了与博德事故因果连锁理论类似的因果连锁模型。在该理论中，事故和损失因素与博德理论相似。该理论把人的不安全行为和物的不安全状态称为现场失误，其目的在于提醒人们注意不安全行为和不安全状态的性质。亚当斯理论的核心在于对现场失误的背后原因进行了深入的研究。操作者的不安全行为及生产作业中的不安全状态等现场失误，是由于企业领导和安技人员的管理失误造成的。管理人员在管理工作中的差错或疏忽，企业领导人的决策失误，对企业经营管理及安全工作具有决定性的影响。管理失误又由企业管理体系中的问题所导致，这些问题包括：如何有组织地进行管理工作，确定怎样的管理目标，如何计划、如何实施等。管理体系反映了作为决策中心的领导人的信念、目标及规范，它决定各级管理人员安排工作的轻重缓急、工作基准及指导方针等重大问题。

上面介绍的几种事故因果连锁理论是把考察的范围局限在企业内部。日本的北川彻三认为，工业伤害事故发生的原因是很复杂的，企业是社会的一部分，一个国家、一个地区的政治、经济、文化、科技发展水平等诸多社会因素，对企业内部伤害事故的发生和预防有着重要的影响。因此，北川彻三将社会和历史原因和学校教育原因也纳入了事故发生原因中。

在我国，陈宝智等人对多米诺骨牌事故模型进行了修正。修正后的伤亡事故的 5 个因素为：社会环境和管理欠缺，人为过失，不安全动作，意外事件，人身伤亡等。

5.2.3 能量意外释放论

能量是物体做功的本领，人类社会的发展就是不断地开发和利用能量的过程。但能量也是对人体造成伤害的根源，没有能量就没有事故，没有能量就没有伤害。所以，吉布森、哈登等人根据这一理念，提出了能量转移论。其基本观点是：不希望或异常的能量转移是伤亡事故的致因，即人受伤害的原因只能是某种能量向人体的转移，而事故则是一种能量的不正常或不期望的释放。

能量按其形式分可分为动能、势能、热能、电能、化学能、原子能、辐射能（包括离子辐射和非离子辐射）、声能和生物能等。人受到伤害都可归结为上述一种或若干种能量的不正常或不期望的转移。在能量转移论中，把能量引起的伤害分为两大类。

第一类伤害是由于施加了过多局部的或全身性的损伤阈值的能量而产生的。人体各部分对每一种能量都有一个损伤阈值。当施加于人体的能量超过该阈值时，就会对人体造成损伤。大多数伤害均属于此类伤害。例如，在工业生产中，一般以 36 V 为安全电压。也就是说，在正常情况下，当人与电源接触时，36 V 是人体所能承受的电压阈值，只要人接触的电压在这个阈值之内，就不会造成任何伤害或伤害极其轻微；而 220 V 电压则大大超过了人体能承受的电压阈值，与其接触，轻则灼伤或造成某些功能暂时性损伤，重则造成终身伤残甚至死亡。

第二类伤害是由于影响局部或全身性的能量交换引起的。例如因机械因素或化学因素引起的窒息（如溺水、一氧化碳中毒等）。

能量转移论的另一个重要概念是：在一定条件下，某种形式的能量能否造成伤害及事故，主要取决于：人所接触的能量的大小、接触时间的长短，接触的频率、力量的集中程度，受伤害部位及屏障设置的早晚等。

用能量转移的观点分析事故致因的基本方法是：首先确认某个系统（见图 5-2）内的所有能量源，然后确定可能遭受该能量的人员及伤害的可能严重程度；进而确定控制该类能量不正常或不期望转移的方法。

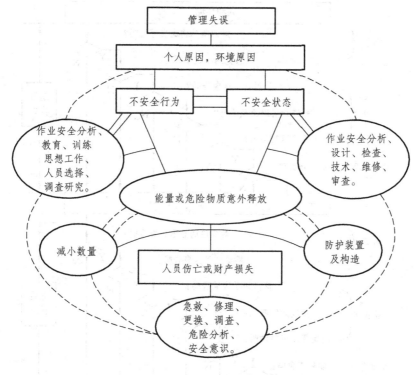

图 5-2 能量转移系统

5.2.4 瑟利模型

瑟利模型是 1969 年由美国人瑟利（J.Surry）提出的，是典型的根据人的认知过程分析事故致因的理论。

该模型把事故的发生过程分为危险构成和危险释放两个阶段，这两个阶段各自包括类似的人的信息处理过程，即感觉、认识和行为响应。在危险出现阶段，如果人的信息处理的每个环节都正确，危险就能被消除或得到控制；反之，危险就会转化成伤害或损害。瑟利模型如图 5-3 所示。

由图 5-3 中可以看出，两个阶段具有类似的信息处理过程，即 3 个部分。6 个问题则分别是对这 3 个部分的进一步阐述，它们分别是：

（1）危险的构成（或释放）有警告吗？这里"警告"的意思是指工作环境中对安全状态与危险之间的差异的警示。任何危险的出现或释放都伴随着某种变化，只是有些变化易于察觉，有些则不然。而只有使人感觉到这种变化或差异，才有避免或控制事故的可能。

（2）感觉到了这个警告吗？这包括两个方面：一是人的感觉能力问题，包括操作者本身的感觉能力，如视力、听力，或是否过度集中注意力于工作或其他方面；二是工作环境对人的感觉能量的影响问题。

（3）认识到了这个警告吗？这主要是指操作者在感觉到警告信息之后，是否正确理解了该警告所包含的意义，进而较为准确地判断出危险发生的可能性及其可能造成的后果。

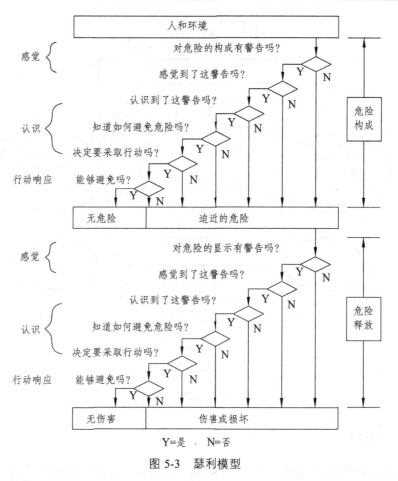

图 5-3　瑟利模型

（4）知道如何避免危险吗？这主要是指操作者是否具备为避免危险或控制危险，做出正确的行为响应所需要的知识和技能。

（5）决定要采取行动吗？无论是危险的出现还是危险的释放，其是否会对人或系统造成伤害或破坏是不确定的。而且在这种情况下，采取行动固然可以消除危险，却往往要付出相当大的代价。特别是对于冶金、化工等企业中连续运转的系统来说更是如此。究竟是否立即采取行动，主要应考虑两个方面的问题：一是该危险即刻造成损失的可能性；二是现有的措施和条件控制该危险的可能性，包括操作者本人避免和控制危险的技能。当然，这种决策也与经济效益、工作效率紧密相关。

（6）能够避免危险吗？在操作者决定采取行动的情况下，能否避免危险则取决于人采取行动的迅速、正确、敏捷与否和是否有足够的时间等其他条件使人能做出行为响应。

上述 6 个问题中，前两个问题都是与人对信息的感觉有关的，第 3~5 个问题是与人的认识有关的，最后一个问题是与人的行为响应有关的。这 6 个问题涵盖了人处理信息的全过程，并且反映了在此过程中有很多发生失误进而导致事故的机会。

瑟利模型不仅分析了危险出现、释放直至导致事故的原因，而且还为事故预防提供了一个良好的思路。要想预防和控制事故，首先应采取技术手段使危险状态充分地显现出来，使操作者能够有很好的机会感觉到危险的出现或释放，这样才有预防或控制事故的条件和可能；其次应通过培训和教育手段，提高人感觉危险信号的敏感性，包括抗干扰能力等，同时也应采用响应的技术手段帮助操作者正确地感觉危险状态信息，如采用能避开干扰的警告方式或加大警告信号的强度等；再次，应通过教育和培训的手段使操作者在感觉到警告之后，能准确地理解其含义，并指导其采取何种措施避免危险发生或控制其后果。同时，在此基础上，结合各方面的因素做出正确的决策；最后，应通过系统及其辅助设施的设计使人在做出正确决策之后，有足够的时间和条件做出行为响应，并通过培训的手段使人能够迅速、敏捷、正确地做出行为响应。这样，事故就会在相当大的程度上得到控制，取得良好的预防效果。

5.2.5　轨迹交叉论

轨迹交叉论的基本思想是：伤害事故是许多相互联系的事件顺序发展的结果。这些事件概括起来不外乎人和物（包括环境）两大发展系列。当人的不安全行为和物的不安全状态在各自的发展过程中（轨迹），在一定的时间、空间上发生了接触（交叉），能量转移于人体时，伤害事故就会发生。而人的不安全行为和物的不安全状态之所以产生和发展，又是受多种因素作用的结果。轨迹交叉理论的示意图见图5-4。图中，起因物与致害物可能是不同的物体，也可能是同一个物体；同样，肇事者和受害者可能是不同的人，也可能是同一个人。轨迹交叉理论反映了绝大多数事故的情况。在实际生产过程中，只有少量的事故是仅仅由人的不安全行为或物的不安全状态引起的，而绝大多数的事故是与二者同时相关的。例如：日本劳动省通过对50万起工伤事故的调查发现，只有约4%的事故与人的不安全行为无关，约9%的事故与物的不安全状态无关。在人和物两大系列的运动中，二者往往是相互关联，互为因果，相互转化的。有时人的不安全行为促进了物的不安全状态的发展，或导致新的不安全状态的出现；而物的不安全状态可以诱发人的不安全行为。因此，事故的发生可能并不是如图5-4所示的那样简单地按照人、物两条轨迹独立地运行，而是呈现较为复杂的因果关系。人的不安全行为和物的不安全状态是造成事故的表面的直接原因，如果对它们进行更进一步的考虑，则可以挖掘出二者背后深层次的原因。这些深层次原因的示例见表5-1。

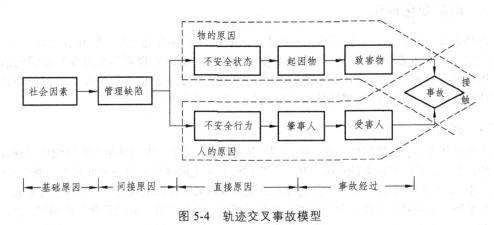

图 5-4　轨迹交叉事故模型

表 5-1　事故发生的原因

基础原因（社会原因）	间接原因（管理缺陷）	直接原因
遗传、经济、文化、教育培训、民族习惯、社会历史、法律	生理和心理状态、知识技能情况、工作态度、规章制度、人际关系、领导水平	人的不安全状态
设计、制造缺陷、标准缺乏	维护保养不当、保管不良、故障、使用错误	物的不安全状态

轨迹交叉理论作为一种事故致因理论，强调人的因素和物的因素在事故致因中占有同样重要的地位。按照该理论，可以通过避免人与物两种因素的运动轨迹交叉，来预防事故的发生。同时，该理论对于调查事故发生的原因也是一种较好的工具。

5.2.6 系统安全理论

5.2.6.1 第一类危险有害因素

根据能量意外释放理论，能量或危险物质的意外释放是伤亡事故发生的物理本质。于是，把生产过程中存在的、可能发生意外释放的能量（能源或能量载体）或危险物质称作第一类危险有害因素。

第一类危险有害因素产生的根源是能量与有害物质。系统具有的能量越大，存在的有害物质数量越多，系统的潜在危险性和危害性也越大。

生产、施工现场的危险有害因素是客观存在的，这是因为在施工过程中需要相应的能量和物质。施工现场中所有能产生、供给能量的能源和载体在一定条件下都可能释放能量而造成危险，这是最根本的危险有害因素；施工现场中的有害物质在一定条件下能损伤人体的生理机能和正常代谢功能，破坏设备和物品的效能，它也是最根本的危险有害因素。为了防止第一类危险有害因素导致事故，必须采取措施约束、限制能量或危险物质，控制危险有害因素。

5.2.6.2 第二类危险有害因素

在正常情况下，生产过程中的能量或危险物质受到约束或限制，不会发生意外释放，即不会发生事故。但是，一旦这些约束或限制能量或危险物质的措施受到破坏或失效（故障），就会发生事故。导致能量或危险物质约束或限制措施破坏或失效的各种因素称为第二类危险有害因素。

第二类危险有害因素主要包括物的故障、人的失误和环境影响因素。

5.2.7 动态变化理论

世界是在不断运动、变化着的，工业生产过程也在不断变化之中。针对客观世界的变化，我们的安全工作也要随之改进，以适应变化了的情况。如果管理者不能或没有及时地适应变化，则将发生管理失误；操作者不能或没有及时地适应变化，也将发生操作失误。外界条件的变化也会导致机械、设备等的故障，进而导致事故的发生。

5.2.7.1 扰动起源事故理论

本尼尔认为，事故过程包含着一组相继发生的事件。这里，事件是指生产活动中某种发生了的事情，如一次瞬间或重大的情况变化，一次已经被避免的或导致另一事件发生的偶然事件等。因而，可以将生产活动看作是一个自觉或不自觉地指向某种预期的或意外的结果的事件链，它包含生产系统元素间的相互作用和变化着的外界的影响。由事件链组成的正常生产活动，是在一种自动调节的动态平衡中进行的，在事件的稳定运行中向预期的结果发展。事件的发生必然是某人或某物引起的，如果把引起事件的人或物称为"行为者"，而其动作或运动称为"行为"，则可以用行为者及其行为来描述一个事件。在生产活动中，如果行为者的行为得当，则可以维持事件过程稳定地进行；否则，可能中断生产，甚至造成伤害事故。生产系统的外界影响是经常变化的，可能偏离正常的或预期的情况。这里称外界影响的变化为"扰动"（Perturbation）。扰动将作用于行为者。产生扰动的事件称为起源事件。当行为者能够适应不超过其承受能力的扰动时，生产活动可以维持动态平衡而不发生事故；如果其中的一个行为者不能适应这种扰动，则自动平衡过程被破坏,开始一个新的事件过程,即事故过程。该事件过程可能使某一行为者承受不了过量的能量而发生伤害或损害,这些伤害或损害事件可能依次引起其他变化或能量释放,作用于下一个行为者并使其承受过的能量,发生连续的伤害或损害。当然,如果行为者能够承受冲击而不发生伤害或损害,则事件过程将继续进行。综上所述,可以将事故看成是由事件链中的扰动开始,以伤害或损害为结束的过程。这种事故理论也叫作“P 理论”。图 5-5 所示为这种理论的示意图。

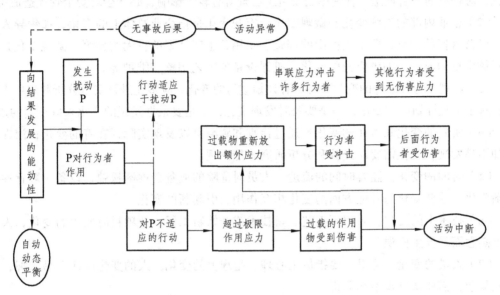

图 5-5　扰动理论示意图

5.2.7.2　变化-失误理论

约翰逊认为:事故是由意外的能量释放引起的,这种能量释放的发生是由于管理者或操作者没有适应生产过程中物或人的因素的变化,产生了计划错误或人为失误,从而导致不安全行为或不安全状态,破坏了对能量的屏蔽或控制,即发生了事故,由事故造成生产过程中人员伤亡或财产损失。图 5-6 为约翰逊的变化-失误理论示意图。

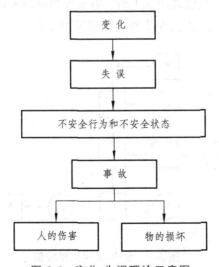

图 5-6　变化-失误理论示意图

按照变化-失误理论的观点，变化可以引起人的失误和物的故障，因此，变化被看作是一种潜在的事故致因，应该被尽早地发现并采取相应的措施。作为安全管理人员，应该对下述的一些变化给予足够的重视：

（1）企业外部社会环境的变化。企业外部社会环境，特别是国家政治或经济方针、政策的变化，对企业的经营理念、管理体制及员工心理等有较大影响，必然会对安全管理造成影响。

（2）企业内部的宏观变化和微观变化。宏观变化是指企业总体上的变化，如领导人的变更，经营目标的调整，职工大范围的调整、录用，生产计划的较大改变等。微观变化是指一些具体事物的改变，如供应商的变化，机器设备的工艺调整、维护等。

（3）计划内与计划外的变化。对于有计划进行的变化，应事先进行安全分析并采取安全措施；对于不是计划内的变化，一是要及时发现变化，二是要根据发现的变化采取正确的措施。

（4）实际的变化和潜在的变化。通过检查和观测可以发现实际存在着的变化；潜在的变化却不易发现，往往需要靠经验和分析研究才能发现。

（5）时间的变化。随着时间的流逝，人员对危险的戒备会逐渐松弛，设备、装置性能会逐渐劣化，这些变化与其他方面的变化相互作用，引起新的变化。

（6）技术上的变化。采用新工艺、新技术或开始新工程、新项目时发生的变化，人们由于不熟悉而易发生失误。

（7）人员的变化。这里主要指员工心理、生理上的变化。人的变化往往不易掌握，因素也较复杂，需要认真观察和分析。

（8）劳动组织的变化。当劳动组织发生变化时，可能引起组织过程的混乱，如项目交接不好，造成工作不衔接或配合不良，进而导致操作失误和不安全行为的发生。

（9）操作规程的变化。新规程替换旧规程以后，往往要有一个逐渐适应和习惯的过程。

需要指出的是，在管理实践中，变化是不可避免的，也并不一定都是有害的，关键在于管理是否能够适应客观情况的变化。要及时发现和预测变化，并采取恰当的对策，做到顺应有利的变化，克服不利的变化。约翰逊认为，事故的发生一般是多重原因造成的，包含着一系列的变化-失误连锁过程，从管理层次上看，有企业领导的失误、计划人员的失误、监督者的失误及操作者的失误等。变化-失误连锁的模型见图5-7。

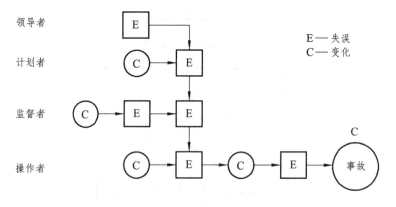

图 5-7 变化-失误连锁模型

5.3　综合论

　　事故之所以发生是由于多重原因综合造成的，既不是单一原因造成的，也不是个人偶然失误或单纯设备故障所形成的，而是各种因素综合作用的结果。事故之所以发生，有其深刻的原因，包括直接原因、间接原因和基础原因。综合原因论认为，事故是社会因素、管理因素和生产中危险因素被偶然事件触发所造成的结果。事故是由起因物和肇事人触发加害物于受害人而形成的灾害现象和事故经过。意外（偶然）事件之所以触发，是由于生产中环境条件存在着危险因素，即不安全状态，后者和人的不安全行为共同构成事故的直接原因。这些物质的、环境的以及人的原因是由于管理上的失误、缺陷、管理责任所导致的，是造成直接原因的间接原因。形成间接原因的因素，包括社会经济、文化、教育、社会历史、法律等基础原因，统称为社会因素。事故的产生过程可以表述为由基础原因的"社会因素"产生"管理因素"，进一步产生"生产中的危险因素"，通过人与物的偶然因素触发而发生伤亡和损失。调查分析事故的过程则与上述经历方向相反。如逆向追踪：通过事故现象，查询事故经过，进而了解物的环境原因和人的原因等直接造成事故的原因；依此追查管理责任（间接原因）和社会因素（基础原因）。

　　事故致因不可能只是一方面的原因，这就考虑到了各种原因，利用这个理论可以全面地分析各个方面的原因，并且从各方面下手，综合考虑，考虑到各种可能性，防止灾害的发生，杜绝意外事故的产生。

习题与思考题

　　1. 典型事故致因理论有哪些？
　　2. 典型事故致因理论对安全管理工作有哪些启示？
　　3. 安全管理新理论对安全管理研究具有哪些新的影响和作用？

第 6 章　事故的预测与预防理论

6.1　事故的预测

事故预测就是在认识事故发生规律的基础上，充分了解、掌握各种可能导致事故发生的危险因素以及它们的因果关系，推断它们发展演变的状况和可能产生的后果。事故预测的目的在于识别和控制危险，预先采取对策，最大限度地减少事故发生的可能性。

6.1.1　事故预测原则

事故预测是基于可知的信息和情报，对预测对象的安全状况进行预报和预测。

事故预测应当遵循以下原则：

◆　连贯原则

事物发展的各个阶段具有连续性和稳定性，采取这种连贯原则进行分析和研究，可以从过去和现在推测未来，做出准确的预测。

◆　系统原则

把预测对象和所涉及的各种事件或因素视为一个系统，进行综合考察和研究，可以全面地分析问题，从而克服片面性，提高预测的科学性。

◆　实事求是原则

在预测过程中，应从客观事实出发，尊重历史资料，认真分析研究现状，如实地反映可能出现的问题和结果。只有从客观事实出发，参照以往事物发展变化的规律来分析未来的发展趋势，才能获得比较准确的预测结果。

◆　大量观察原则

预测要从大量调查研究中求得一般的规律，避免以偏概全。

6.1.2　事故预测过程

◆　尽早发现前兆

企业的安全管理人员应该经常注意那些可能对企业生产和经营造成较大影响的意外事件，争取尽可能早地发现它们发生的前兆。当出现前兆时，就要预测事件是否会出现、会在什么时间出现。

◆　采用合适的方法

对意外事件进行分析和预测，主要是利用得到的资料和信息，根据日常的经验，采用因果关系分析和逻辑推理的方法。

◆ 向专家请教

企业工作者由于所处环境和地位的限制，往往对许多事情的了解和认识有局限性。为了能够对意外事件的发生及其造成的影响做出正确判断和预测，可采用专家调查法，向有关专家请教，请他们根据自己的知识、经验、智慧和判断能力，帮助进行分析和预测。

◆ 制定对策

企业不但要预测意外事件对自身生产经营造成的影响，而且要制定相应的对策。

（1）不同的意外事件对企业生产经营在时间上的影响有差别。有的意外事件对企业生产经营的影响是暂时的，过一段时间就不存在了。例如，自然灾害、一般性工伤事故、一些临时性的政策和法令等。对它们进行分析和预测时，应考虑其产生影响的时间长短，并且要预测一旦影响消失时给企业带来的新影响。

有的意外事件对企业生产经营的影响则是长久的。例如，特别重大的伤亡事故、科技新成果的应用等。它们出现之后，就成为企业生产经营中应该考虑的正常因素了。

（2）注意事件的间接影响。有些意外事件表面看起来对企业的生产经营不会造成直接影响，但这些意外事件会对与企业生产经营有关的其他方面有影响，这些影响会间接地传递给企业，这种间接影响的传递往往不只是一级传递，还可能是多级传递，最终使企业也受到这些意外事件的影响。因此，企业在预测意外事件时，应把视野放得开阔一些，考虑全面一些，政策也要制定得周密一些。

6.1.3　事故预测方法

6.1.3.1　回归预测法

回归预测是根据历史数据的变化规律，寻找自变量与因变量之间的回归方程式，确定模型参数，据此做出预测。回归预测中的因变量和自变量在时间上是并进关系，即因变量的预测值要由并进的自变量值来旁推。回归预测要求样本量大且样本有较好的分布规律。根据自变量的多少可将回归问题分为一元和多元回归，按照回归方程的类型可分为线性回归和非线性回归。

多元线性回归在事故分析时可能会带来一些不必要的统计特征，因此为了弥补多元线性回归的缺陷，提出了用泊松分布来对事故发生的概率建模，而当样本数据过度离散（over-dispersion）时，泊松模型可能无法准确描述其概率分布，或过高地估计事故发生的可能性，这时可以使用另外的概率分布，如负二项分布。泊松分布和负二项分布均是常见的离散型分布（如 Abdel-Aty 等和 Evans 的研究）。Maher 等以交通事故为例，将广义线性回归、泊松和二项式模型的适用性进行了比较，发现基于最小二乘法，具有泊松误差结构的线性回归比传统的多元线性回归更适用。考虑到观察样本中出现较多 0 事件的情况，此时泊松和负二项式模型不能解释这种分布，从而在此基础上产生了 ZIP（Zero-inflated Pois-son）回归预测模型和 ZINB（Zero-inflated Negative Binomial）预测模型，这种模型具有 2 个状态，也就是将 0 状态从原有的数据状态中分离出来。Milton 等将 Mixed Logit 模型（也称为 Radom Parameters Logit 模型）用到事故预测中，来评估整体而不是局部的事故分布。Mixed Logitt 模型的参数能够随机变化，并且能够处理异质性问题，也就是能够发现事故分布中的异常现象，这种现象往往由大量因素造成，从而揭示了没有观察到的其他因素的潜在影响。

当预测的长度大于占有的原始数据长度时，采用回归方法进行预测在理论上不能保证预测结果的精度；另外，可能出现量化结果与定性分析结果不符的情况，有时难以找到合适的回归方程类型。因此，针对诸多不同的事故因素和可能后果，要选择不同的模型，而且事故与各个因素之间的关系可能相当复杂，对建立的模型进行检验是很重要的。如 ANOVA 统计检验（F、T 和 Bonferroni Test 等），可以发现这些样本数据之间是否存在重要的区别，从而确定是否需要增加或合并数据以及针对不同情况分别建立模型。

6.1.3.2　时间序列预测法

时间序列的变化受许多因素的影响。概括地讲，可以将影响时间序列变化的因素分为 4 种，即长期趋势因素、季节变动因素、周期变动因素和不规则变动因素。在时间序列分解模型的基础上，对 4 种变动因素有侧重地进行预处理，从而派生出剔除季节变动法、移动平均法、自回归法和时间函数拟合法等具体预测方法。在事故预测中，最常用的方法是指数平滑法和 ARIMA 法。

◆　指数平滑法

指数平滑预测法是基于加权平均法的基础上发展起来的，其数据的重要程度按时间上的远近呈非线性递减；这种方法一般用于实际数据序列以随机变动为主的场合，可以消除时间序列的偶然性变动，进而寻找预测对象的变化特征和趋势。近年来这个模型得到了很多改进，如对非线性的处理、季节变量的规范、简单的点预测等。Hyndmana 等对指数平滑法进行了分类和描述，总结出 12 种模型，每种模型包含一种趋势成分 T（None，Additive，Damped，Multiplicative）和一种季节成分 S（None，Additive，Multiplicative）。之后 Taylor 对此进行了扩展，提出了减幅趋势季节可乘模型（Damped Multiplicative method，DM），它主要是在可乘趋势（multiplicative trend）表达式的基础上，加入了一个变量使得趋势减幅。一个比较有用的改进是介于 SES(Simple Expo2nential Smoothing) 和 Holt's 方法之间的漂移 SES(SES with Drift)，它相当于趋势参数集为 0 的 Holt's 方法。Hyndman 等证明了这个方法还相当于 Assimakopoulos 等提出的 Theta 方法，这里 SES 的漂移参数是线性趋势斜率的一半，认为 Theta 方法只是它的一个特例。值得注意的是，在指数平滑模型的研究中，很少有学者研究多变量模型。

指数平滑法中最重要的理论改进是提出了基于单一误差来源（a single source of error，SSOE）的状态空间模型。每种模型对应两个状态空间模型，一个具有加法误差，一个具有乘法误差。之后很多学者又继续对乘法季节模型进行了修改，比如，在 N-M 表达式中用"St −1"代替平滑水平"St"，在 A-M、DA-M 和 M-M 表达式中用"St −1+Tt −1"代替"St"。但是，Koehler 等发现，A-M 方法采用状态空间模型后的改进并不大，实际效果有待进一步证明。Gardner 考虑用水平等式来修改 DA 方法，即删除"<"（用"Tt −1"代替"<Tt −1"），使得衰减提前两步开始，因为，如果用最小二乘标准来确定参数的初始值，标准的 DA 方法（ <=1 ）和状态空间 DA 方法得到的预测结果相同。Gardner 还指出，扩展后的 15 种指数平滑模型中的每一种都相当于一种或多种随机模型，比如一些 ARIMA 预测模型相当于线性指数平滑法，而状态空间模型的创新使得非线性指数平滑法可以从统计模型中衍生出来。

◆　ARMA 法和 ARIMA 模型

ARMA 模型，又称为 Box-Jenkins（B-J）法，主要试图解决以下两个问题：① 分析时间序列的随机性、平稳性和季节性；② 在对时间序列分析的基础上，选择恰当的模型进行预测。其预测模型分为：自回归模型（Auto-Regression，AR）、滑动平均模型（Moving Average，MA）和自回归滑动平均混合模型（Auto-Regression Moving Average，ARMA）。时间序列的观测值有时会受异常事件、干扰或误差的影响，从而产生异常（Outlier）。时间序列中异常值的存在会对样本自相关、偏相关、ARMA 模型参数估计、预测等产生极大的影响，甚至可能影响到模型的识别。为了把异常值的影响考虑到模型中，可以通过统计的方法测出这些异常值，即干预分析(Intervention Analysis)。Battaglia 基于 FAR 模型(Functional Auto2Regressive)，提出了一种可以用来识别和估计非线性时间序列中异常值的方法。过去这方面的研究较少，主要是通过估计非线性模型参数的鲁棒性（又称抗变换性，表征控制系统对特性或参数扰动的不敏感性），而 FAR 是在线性模型的基础上进行扩展。

　　运用 ARMA 模型的前提条件是，用作预测的时间序列是由一个零均值的平稳随机过程产生的，反映在图形上就是所有的样本点都围绕在某一水平直线上下随机波动。因此，对于某些不平稳的序列必须经过差分变换。经过差分变换后的序列再运用 ARMA 模型，习惯上称为 ARIMA(Autoregressive Integrated Moving Average Models)模型，即求和自回归移动平均模型。当 ARIMA（p, d, q）中 d > 0 且为小数的情况下也可以使用，即 ARFIMA 模型，它常被用在假设检验中来决定这个序列是否具有长期记忆，也可以用来进行 k 步（k2 step ahead）预测。

6.1.3.3　马尔可夫预测法

　　如果系统安全性指标量值在时间轴上呈离散状态，则可作为一个马尔可夫链（Markov Chain）来对待。马尔可夫链预测模型是根据事故各状态之间的转移概率来预测事故未来的发展，转移概率反映了各种随机因素的影响程度和各状态之间的内在规律性，因此该模型适用于随机波动性较大的预测。

　　传统的方法是用步长为 1 的马尔可夫链模型和初始分布推算出未来时段状态的绝对分布来做预测分析。该方法默认马尔可夫链满足"齐次性"，实际应用中所论及的随机变量序列，尽管满足"马氏性"，但"齐次性"一般都不满足。另外，该方法没有考虑对应各阶（各种步长）马尔可夫链的绝对分布在预测中所起的作用，因此没有充分利用已知数据资料的信息。利用各阶马尔可夫链求得状态的绝对分布叠加来做预测分析，可称之为叠加马尔可夫链预测方法（如 Sen，Shamshad 的研究）。然而这种方法没有考虑各阶马尔可夫链对应的绝对概率在叠加中所起的作用，即认为各阶所起的作用是相同的，这显然不科学。因此也许可以考虑一种加权马尔可夫链预测，也就是先分别依其前面若干时段的指标值对该时段进行预测，然后按前面各年与该年相依关系的强弱加权求和，这样可以更充分、更合理地利用信息。

　　马尔可夫链模型应用于事故预测中往往结合其他模型，充分利用各自的优势，如回归-马尔可夫链和灰色-马尔可夫链模型等。用马尔可夫预测法来对事故的状态进行划分，能够正确描述事件的依赖性和跨阶段依赖性，克服了事故数据的随机波动性对预测精度的影响。其缺点是状态空间爆炸的问题，即状态规模随着系统因素的数量增加呈指数增长，这样使马尔可夫链模型的计算量增加。

　　在运用马尔可夫预测模型时，状态划分是预测准确与否的关键，状态划分一般应依据以下原则：

　　（1）分析精度的要求。一般来说，在数据满足一定数量的情况下，状态划分越细，精度越高。

（2）原始数据的长短和波动幅度。数据较多、波动幅度较大时，状态数据应相对多一些，反之则应少一些。

（3）在允许的条件下，尽量减小划分的跨度。

6.1.3.4 灰色预测法

灰色预测法（Grey model）是一种对含有不确定因素的系统进行预测的方法。该理论将信息完全明确的系统定义为白色系统，将信息完全不明确的系统定义为黑色系统，将信息部分明确、部分不明确的系统定义为灰色系统。安全系统是一个多因素、多层次、多目标的相互联系、相互制约的巨系统，其运行过程是由许多错综复杂的关系所组成的灰色动态过程，具有明显的灰色性质。运用灰色方法对于安全事故的预测有一定帮助。

基于灰色理论产生了两种预测思路：

（1）研究 GM（1,1）模型内部建模机制和对原始序列作数据变换。GM（1,1）模型适用于具有较强指数规律的序列，只能描述单调的变化过程，对于非单调的摆动发展序列，要反映描述对象的长期、连续、动态特性，就要建立 M 阶 N 元的 GM（M,N）模型。

（2）灰色系统应用数据生成的手段来建立模型，因此通过信息改造和残差修正对 GM（1,1）模型进行优化，可以得到灰色预测的改进模型、残差 GM（1,1）模型和新陈代谢模型。

对于较多随机数据和中心对称曲线的案例，灰色预测模型的曲线拟合能力差，建立灰色马尔可夫事故预测模型可以利用灰色预测和马尔可夫预测各自的优势，即用灰色预测来揭示事故时序变化的总体趋势和宏观发展规律，而用马尔可夫预测来追踪事故量的随机波动，确定状态的转移方向，寻找系统的微观波动规律，大大提高了随机波动性较大的事故数列的预测精度，拓展了灰色预测的应用范围。

6.1.3.5 贝叶斯网络预测法

贝叶斯网络（Bayesian Network，BN）是图论与概率论的结合。BN 是变量间概率关系的图形化描述，提供了一种将知识图解可视化的方法，同时又是一种概率推理技术，即使用概率理论来处理在描述不同知识成分之间的因条件相关而产生的不确定性。

在贝叶斯网络的应用中，系统常常存在反馈与时间相关等现象，但传统的贝叶斯网络不具有时间语义，无法表达变量内部以及变量之间的时间限制关系，因此，对贝叶斯网络进行适当的时间扩展是有必要的。过去研究用到的方法，比如在网络中增加一些代表时间区间的节点（Berzuni），或者将节点的条件概率视为时间的函数（Tawfik 等），往往需要有关概率随时间变化的外生知识而且需要明确网络中每个节点在不同时刻的取值，增加了网络的大小和复杂性。之后，Santos 等提出了概率时间网络（ Probabilistic Temporal Networks，PTN），时间和非时间信息都被包含在了每个节点的概率语义中，同时节点的弧包含时间扩展（时间区间关系）。他们还引入了时间聚合体（Temporal Aggregate）这一概念来表示一组时间区间，以及事件可能的状态集合。但这种方法需要引入诱导随机变量，增加了推导的复杂性。Mohan 等提出了时间不确定性推理网络（Temporal Uncertainty Reasoning Network，TURN），其中每段弧通过标注因果关系发生的迟滞时间而进行时间扩展，同时还考虑到有些观察资料随时间变化其重要性降低，从而对信度进行更新。

现实中的问题日趋复杂，导致贝叶斯网络的规模日趋庞大，建模难度不断增加。通过将网络分解为多个模块进行局部求解，能够较好地解决这个问题，因此产生了多模块的贝叶斯网络。

6.1.3.6 神经网络预测法

人工神经网络（Artificial Neural Networks，ANNs）具有表示任意非线性关系和学习的能力，给解决很多具有复杂的不确定性和时变性的实际问题提供了新思想和新方法。大多数研究中用到的方法是通过确定每个输入变量对输出的影响，来消除不相关的输入和训练样本中的冗余部分。Gevrey 等回顾并比较分析了输入变量影响的 7 种方法后认为，决定单个变量的影响力在于对部分回归系数最终值的验算。利用神经元网络来研究预测问题，一个很大的困难就在于如何确定网络的结构。Grossberg 发现，误差曲面上存在着平坦区域，如果在调整进入平坦区后，设法压缩神经元的净输入，使其输出退出激活函数的饱和区，就可以改变误差函数的形状，从而使调整脱离平坦区。实现这一思路的具体做法是，在其中引入一个陡度因子，对激活函数作了适当调整。

相关的组合预测模型有时间序列神经网络模型、灰色神经网络模型等。时间序列往往包含线性部分和非线性部分，反映了确定性趋势和随机变化趋势，用时间序列方法和灰色预测法只是模拟了线性部分，容易忽视非线性部分，用神经网络来模拟由 ARIMA 等模型计算得到的残差，或者用原始数据序列和灰色短期预测结果的数据序列一并作为 BP 网络预测的样本数据，再进行外推预测，可以解决这一问题。分别对线性和非线性部分建模，提高了整体预测的效果。在应用 BP 网络模型前，还可以利用灰色理论进行关联分析和优势分析来找出最有效的变量。

BP 网络用于函数逼近时，权值的调节采用的是负梯度下降法，这种调节权值的方法有它的局限性，存在收敛速度慢和局部极小等缺点。而径向基函数神经网络（Radial Basis Function Neural network，RBFNN）具有很强的非线性映照能力和良好的插补性能，在逼近能力、分类能力和学习速度等方面均优于 BP 网络。

6.2 事故的预防

事故有自然事故和人为事故之分。自然事故是指由自然灾害造成的事故，如地震、洪水、旱灾、山崩、滑坡、龙卷风等引起的事故。人为事故是指由人为因素造成的事故，如果是人为因素造成的事故就能够预防。事故之所以可以预防，是因为它具有一定的特性和规律，如前所述，事故具有因果性、偶然性、必然性和规律性，只要掌握了这些特性和规律，并能合理地应用，事先采用有效措施加以控制，就可以预防和减少事故的发生及其造成的损失。

6.2.1 事故的发生、发展和预防

6.2.1.1 事故的发生、发展过程

事故的发生是 5 个因素发生连锁反应的结果，这 5 个因素是：人的判断，人的不安全行为，潜在的危险和故障，发生事故，人体受到伤害。事故起源于人的判断，如果判断错误，

就会导致人的不安全行为，不安全行为会触发潜在的危险和故障，引起事故的发生，导致人身受到伤害。如果人的判断不发生错误，就不会发生事故，如果排除了潜在的危险和故障，即使人的判断发生错误，也不会发生事故，不会导致人身受到伤害。

如同一切事物一样，事故亦有其发生、发展及消除的过程，因而是可以预防的。事故的发展，一般可归纳为三个阶段，即孕育阶段、生长阶段和损失阶段，各阶段都具有自己的特点。

　◆　孕育阶段

事故的发生有其基础原因，即社会因素和上层建筑方面的原因，如地方保护主义，各种设备在设计和制造过程中潜伏着危险。这些就是事故发生的最初阶段。此时，事故处于无形阶段，人们可以感觉到它的存在，估计到它必然会出现，而不能指出它的具体形式。

　◆　生长阶段

在此阶段出现企业管理缺陷，不安全状态和不安全行为得以发生，构成了生产中的事故隐患，即危险因素。这些隐患就是"事故苗子"。在这一阶段，事故处于萌芽状态，人们可以具体指出它的存在，此时有经验的安全工作者已经可以预测事故的发生。

　◆　损失阶段

当生产中的危险因素被某些偶然事件触发时，就要发生事故。包括肇事人的错误行为、起因物的加害和环境的影响，使事故发生并扩大，造成伤亡和经济损失。

研究事故的发展阶段，是为了识别和预防事故。安全工作的目的就是要避免因事故而造成损失，因此要将事故消灭在孕育阶段和生长阶段。

6.2.1.2　事故的主动预防

事故预防需要安全科学理论的指导和具体的安全技术做支撑。

安全技术是伴随人类生产技术的发展而产生的。过去传统的安全技术建立在事故统计的基础上，是经验型的，这种经验只能在有限的认识能力范围内获得，它感知的只是损害与原因之间简单的因果关系，其主要特征是事故后整改，是对事故的被动预防。

20 世纪 40 年代以来，在国际产业和科技界的合作探索中，逐步形成了一门跨学科的独立科学——安全科学。它的创立为人类安全高效的生产、生活提供了科学依据。安全科学的诞生，标志着人类对安全问题的认识逐渐深入，对安全规律的探索也逐步发展，这也为安全技术从传统的经验型转向现代预测型提供了科学依据。特别是进入 20 世纪 80 年代以来，随着信息革命的深入发展，安全科学更加成熟完善起来。现代的安全技术，在吸收以往经验的基础上，更加注重对事物的预测研究，既要实行事前控制，又要主动地预防事故的发生。现代安全技术对事故的预测要用到安全科学理论以及很多其他学科的理论，比如预测学、系统论、信息论、控制论等。当代电子计算机技术也为科学预测提供了重要工具。

根据安全科学思想，预防事故的发生分四个层次。第一个层次是根除危险因素，限制或减少危险因素，这是最理想的方法；第二个层次是采用隔离、故障安全措施等安全技术；第三个层次是个人防护；第四个层次就是事故应急救援。当代事故预防就是通过主动预防与被动预防相结合来达到避免事故发生或减少事故损失。

进入 21 世纪后，高科技新技术在世界范围内迅速崛起，开发安全高新技术，主动预防事故的发生是科技进步的趋势。安全技术在高新技术领域中要实现两个目标：

（1）保护人类的身心安全，实现安全第一，不施害于人类及人类生存的环境；

（2）保障人类能舒适、高效地从事一切活动，人类在发展生产的同时又能充分享受自己创造的成果，实现劳动与享受的同一性。

6.2.2　事故的预防原则

事故是可以预防的，事故致因理论形象地描述了事故产生的原因及其相互间复杂作用的结果，揭示了伤亡事故的实质，也指明了预防事故的根本原则。

6.2.2.1　可预防原则

工伤事故往往是人为事故。原则上讲人为事故是能够预防的。因而，对人为事故不要只考虑发生后的对策，应该考虑发生之前的对策。安全管理强调以预防为主的方针，要贯彻人为事故可以预防的原则，就必须把防患于未然作为目标。

过去的事故对策中多倾向于采取事后对策。例如作为火灾、爆炸的对策有：建筑物的防火结构、限制危险物贮存数量、安全距离、防爆墙、防油堤等，以便减少事故发生时的损害；设置火灾报警器、灭火器、灭火设备等，以便早期发现、扑灭火灾；设立避难设施、急救设施等，以便在灾害已经扩大之后作紧急处理。即使这些事后对策完全实施，也不一定能够完全避免火灾和爆炸带来的伤害和损失。为了防止火灾和爆炸事故的发生，妥善管理火灾发生源和危险物质是必需的，通过这些管理措施才能从根本上防止火灾、爆炸的发生。

总之，防止人为事故发生的对策是防患于未然的对策，比事后处置更为重要。安全工程学的重点应放在事故发生前的对策上。

6.2.2.2　偶然损失原则

"灾害"这个词的概念，包含着意外事故及由此而产生的损失这两层意思。

所谓事故就是意外事件。例如，内装物质从管道内漏出或喷出，高压装置破裂，可燃性气体爆炸，易燃气体发生火灾，锅炉过热，电气设备漏电，钢丝绳断裂，堆积的货物倒塌，物体从高处落下，货车脱轨等种种事件，都称为事故。

这些事故的结果将造成损失。损失包括人的死亡、受伤、健康损害、精神痛苦等，除此以外，还包括原材料、产品的烧毁或者亏损，设备破坏，生产减退，赔偿金的支付及市场的丧失等物质损失。

事故和损失之间有下列关系："一个事故的后果产生的损失大小或损失种类由偶然性决定。"反复发生的同种事故常常并不一定产生相同的损失。也就是说，同样的事故其损失是偶然的，这个原则具有非常重要的意义。

因而可以说，事故发生后不管有无损失，防止灾害最根本的办法就是防患于未然，也就是做好事故的预防工作，因为如果完全防止了事故，其结果就避免了损失。

6.2.2.3　因果关系原则

如前所述，防止灾害的重点是必须防止发生事故。事故之所以发生，是有它的必然原因的。

事故的发生与其原因有着必然的因果关系。一般来讲，事故原因常可分为直接原因和间接原因。直接原因又称为一次原因，是在时间上最接近事故发生的原因，通常又进一步分为两类：物的原因和人的原因。物的原因是指由于设备、环境不良所引起的；人的原因则是指由于人的不安全行为引起的。

事故的间接原因有五项，列举如下：

（1）技术的原因。例如：主要装置、机械、建筑物的设计，建筑物竣工后的检查、保养等技术方面不完善；机械装备的布置，工厂地面、室内照明以及通风、机械工具的设计和保养，危险场所的防护设备及警报设备，防护用具的维护和配备等存在的技术缺陷。

（2）教育的原因。例如：与安全有关的知识和经验不足，对作业过程中的危险性及其安全运行方法无知、轻视、不理解，训练不足，操作上的不良习惯，没有经验等。

（3）身体的原因。例如：头疼、眩晕、癫痫等疾病，近视、耳聋等残疾，由于睡眠不足而疲劳，酩酊大醉等。

（4）精神的原因。例如：怠慢、反抗、不满等不良态度，焦躁、紧张、恐怖、不和、心不在焉等精神状态，褊狭、固执等性格缺陷以及痴呆等智能缺陷。

（5）管理的原因。例如：企业主要领导人对安全的责任心不强，作业标准不明确，缺乏检查保养制度，人事配备不完善，劳动意志消沉等管理上的缺陷。

一般来说，调查事故发生的原因，往往存在上述五个间接原因中的一个甚至两个以上，其中，技术、教育及管理这三个原因占绝大部分。

除此之外，还必须考虑以下更深层次的原因：

（6）学校教育的原因。由于小学、中学、大学等教育组织的安全教育不到位。

（7）社会或历史的原因。由于有关安全的法规或行政机构不完善，社会思想不开化，产业发展水平有限等。

上述（6）和（7）两项原因具有广泛性和社会性，要有针对性地直接提出对策是困难的，需要进一步在社会上广泛解决。但是必须深刻认识到这些问题是事故发生的深层次的基础原因，这对预防事故的发生同样是重要的。

如上所述，分析事故发生的原因，可按下述连锁关系进行梳理：

基础原因→二次原因（间接原因）→一次原因（直接原因）→事故→损失

如果采取对策去掉其中任何一个原因，就切断了这个连锁关系，就能防止事故的发生。所以，只有正确地分析事故原因，才能确定出有针对性的对策来防止事故的发生。

6.2.2.4　可选择对策原则

在前述各种原因中，技术的原因、教育的原因以及管理的原因，这三项是构成事故最重要的原因。与这些原因相应的防止对策为技术对策、教育对策以及法制对策。通常把技术（engineering）、教育（education）和法制（enforcement）对策称为"3E"安全对策，被认为是防止事故的三根支柱。

通过运用这三根支柱，能够取得防止事故的效果。如果片面强调其中任何一根支柱，例如强调法制，是不能得到满意的效果的，它一定要伴随技术和教育的进步才能发挥作用，而且改进的顺序应该是技术→教育→法制。技术充实之后，才能提高教育效果；而技术和教育充实之后，才能实行合理的法制。

◆　技术对策

技术对策是和安全工程学的对策不可分割的。当设计机械装置或工程以及建设工厂时，要认真地研究、讨论潜在危险之所在，预测发生某种危险的可能性，从技术上解决防止这些危险的对策，在工程一开始就把它编入蓝图，并且像这样实施了安全设计的机械装置或设施要应用检查和保养技术，以确保原计划的实现。

为了实施这些技术对策，应该掌握相关的知识技术，如相关的化学物质、材料、机械装置和设施的危险性质、构造及其控制的具体方法。

◆ 教育对策

教育作为一种安全对策，不仅在产业部门，而且在教育机关组织的各种学校，同样有必要实施安全教育和训练。

安全教育应当尽可能从幼年时期就开始，从小就灌输对安全的良好认识和习惯，还应该在中学及高等学校中，通过化学实验、运动竞赛、远足旅行、骑自行车、驾驶汽车等实践进行安全教育和训练。

另外，工业类高等院校还应该系统地教授必要的安全工程学知识；对工厂和工程现场的技术人员，应该按照具体的业务内容进行安全技术及管理方法的教育。

◆ 法制对策

法制对策是从属于各种标准的。作为标准，除了国家法律规定的以外，还有学术团体编写的安全指南和技术标准，公司、工厂内部的作业标准等。其中，强制执行的叫作指令性标准，非强制执行的叫作推荐标准。实践证明，大量的推荐标准也是必需的。

6.2.2.5 本质安全化原则

本质安全是指通过设计等手段使生产设备或生产系统本身具有安全性，即使在误操作或发生故障的情况下也不会造成事故。具体包括两方面内容：

（1）失误-安全功能，指操作者即使操作失误，也不会发生事故或伤害，或者说设备、设施和技术工艺本身具有自动防止人的不安全行为的功能。

（2）故障-安全功能，指设备、设施或生产工艺发生故障或损坏时，还能暂时维持正常工作或自动转变为安全状态。

上述两种安全功能应该是设备、设施和技术工艺本身固有的，即在其规划设计阶段就被纳入其中，而不是事后补偿的。

本质安全是生产中"预防为主"的根本体现，也是安全生产的最高境界。实际上，由于技术、资金和人们对事故的认识等原因，目前还很难做到本质安全，只能作为追求的目标。

6.2.2.6 危险因素防护原则

当无法实现系统的本质安全时，即生产过程中存在危险因素时，为了实现安全生产，避免事故发生，势必要采取一定的防护措施。危险因素的防护原则包括：

◆ 消除潜在危险的原则

用高新技术或其他方法消除人周围环境中的危险因素和有害因素，从而保证系统最大限度的安全性和可靠性。

安全技术的任务之一就是研制出适应具体生产条件下的确保安全的装置，或称故障自动保险的失效保护（fail-safe）装置，以增加系统的可靠性。即使人已违章操作或做出不安全行为，或个别部件发生了故障，也会由于该安全装置的作用而完全避免伤亡事故的发生。

◆ 降低潜在危险因素数值的原则

当不能根除危险因素时，应采取措施降低危险和有害因素的数量。这一原则可提高安全水平，但不能最大限度地控制危险因素。实质上该原则只能获得折中的解决办法。例如：在人—物质（环境）系统中，不像人—机系统那样易于装上失效保护装置，如室外作业或环境中存在化学能的有害气体，就要从保护人的角度去减少吸入的尘毒数量，加强个体防护，这称之为第二位的失效保护装置。

◆ 距离防护原则

生产中的危险和有害因素的作用，依照与距离有关的某种规律而减弱。例如对放射性等有电离辐射的防护，噪声的防护等，可应用距离防护的原则来减弱其危害，即采取自动化和遥控技术，实现生产设备高度自动化使操作人员远离作业地点，这是今后高新安全技术的发展方向。

◆ 时间防护原则

这一原则就是使人处在危险和有害因素作用的环境中的时间缩短至安全限度之内。

◆ 屏蔽原则

这一原则就是在危险和有害因素作用的范围内设置障碍，以防护危险和有害因素对人的侵袭。障碍物可分为机械的、光电的、吸收性的（如铅板吸收放射线）等等。

◆ 坚固原则

提高设备结构的强度，提高安全系数，尤其是在设备设计时更要充分运用这一原则。例如起重运输的钢丝绳，坚固性防爆的电机外壳等。

◆ 薄弱环节原则

与上述原则相反，此原则是利用薄弱的元件，当它们在危险因素尚未达到危险值之前已预先破坏，例如保险丝，安全阀等。

◆ 不予接近原则

这一原则是使人不能进入危险和有害因素作用的地带，或者在有人操作的地带防止危险和有害因素的侵入。例如安全栅栏、安全网等。

◆ 闭锁原则

这一原则是以某种方法保证一些元件强制发生相互作用，以保证安全操作。例如防爆电器设备，当防爆性能破坏时则自行断电，提升罐笼的安全门不关闭就不能合闸开启等等。

◆ 取代操作人员的原则

在不能消除危险和有害因素的条件下，为摆脱不安全因素对工人的危害，可用机器人或自动控制器来代替人。

◆ 警告和禁止信息原则

利用光、声等信息和标志来防止人做出不安全行为或进入危险和有害因素作用的地带，以保证安全生产。

6.2.3 事故预防措施

从事故发生的过程来看，要预防事故的发生，根本的方法就是消除潜在的危害因素和人不发生误判断、误操作。根据这样的原理，对于事故的预防，可采取以下的对策：实行机械化、自动化操作；装设安全保险防护装置；进行机械强度试验与电气绝缘检验；加强设备的维护保养和计划检修；作业环境的合理布置与整洁；采用劳动防护用品；建立健全安全生产、卫生规章制度。

◆ 规章制度措施

安全生产规章制度是企业安全管理的基础，它是有效约束、控制违章指挥、违章作业这种人为不安全行为的主要措施，是各级领导、管理人员和每一个员工在安全工作上的规范标准和行为准则，而健全和落实规章制度，则是预防事故的必要前提。

◆ 安全教育措施

违章作业究其根源，在于操作者安全意识淡薄。企业要控制和防止违章作业，就必须认真抓好安全教育。而抓好安全教育，首先要抓好领导和管理人员的安全教育培训。公司的安全生产责任人应取得相关的资格证。其次，公司还应积极组织职工进行日常性安全教育，提高职工，特别是生产技术骨干的安全生产技术水平，从而使职工对安全生产形成深刻的思想认识。

◆ 安全防护措施

在控制人的不安全行为的同时，应认真、努力地消除机械设备的不安全状态，因为它是造成机械伤害事故的直接原因之一。例如，某公司发生的一起过光机操作工被夹断手指的机械伤害轻伤事故，除了其本人违反了安全操作规程的原因外，该设备的手动转盘十分笨重，以至于操作工清理粘在设备胶辊、转辊上的污垢、残留物时存在一定的困难，由于在操作运作中的不便利，因此个别员工有时则违反该设备的安全操作规程，开动着设备进行异物刮除，久而久之最终导致发生了这起夹断手指的机械伤害事故。事故发生后，公司总结经验教训，组织有关部门人员研究，改进了该种设备的清洗方法，在容易触及手的转辊上增加防护罩，增设了设备转辊清理专用的手动活动摇杆，使操作工必须在设备停机后才能对设备进行盘转清理。这些措施有效地控制了操作者冒险作业的不安全行为，防止了这类事故的再次发生。可见，在使用机械设备过程中，必须按照有关安全技术的要求认真落实安全防护措施。例如，对人体可能触及的机械转动部分、传动系统设置安全防护罩，从而有效地把人体与机械运动部分隔离，避免发生接触形成伤害；设置能有效纠正和约束操作者误操作或违章行为的安全装置，防止事故发生；另外，对机械设备要做好日常性检查和维护保养工作，检查操作机构以及相关的配置是否达到配置要求，检查保险装置和制动装置是否正常，是否处于受控状态，消除隐患和带病运行情况，从而使机械设备处于安全状态下运行，防止设备出现失控、误操作等情况对操作者造成伤害；做好生产环境的安全检查，检查区域布置是否合理，特别是设备的区域布置，减少和消除因机械设备布置不合理而影响操作人员的操作和通行。此外，采用先进、安全、自动化程度较高的机械设备，实现自动化生产作业，也是预防机械伤害事故的一种有效措施。

◆ 激励措施

例如，实行安全承包责任制，将安全工作与经济奖罚直接挂钩，能有效激发职工对安全生产的自觉性和积极性，在企业内部形成一个安全工作层层落实、人人有责的良好局面，对预防事故也能起到积极的促进作用。

机械伤害事故具有一定的危害性和随机性。引起事故的直接原因是人的不安全行为和机械的不安全状态。但是，只要设备的管理者与操作者遵守规章制度，遵守安全操作规程，事故是可以预防和避免的。在机械设备伤害事故中，人是第一因素。只要我们在日常生产过程中，防微杜渐，警钟长鸣，常抓不懈，认真加强安全管理工作，落实各项安全预防措施，控制违章作业等各项不安全行为，消除机械设备不安全状态，就能有效预防机械伤害事故的发生。

习题与思考题

1. 事故预测的原则是什么？
2. 各种事故预测方法的特点是什么？
3. 事故预防的原则是什么？事故预防的主要措施有哪些？

第7章　重大危险源的辨识与控制

7.1　概述

1993 年 6 月第 80 届国际劳工大会通过的《预防重大工业事故公约》中将"重大危害设施"定义为：长期或临时地加工、生产、处理、搬运、使用或贮存数量超过临界量的一种或多种危险物质，或多类危险物质的设施。

我国 2014 年颁布的《中华人民共和国安全生产法》第 112 条规定：重大危险源是指长期或者临时地生产、搬运、使用或者储存危险物品，且危险物品的数量等于或者超过临界量的单元（包括场所行业设施）。

7.1.1　重大危险源控制系统的组成

◆　重大危险源的辨识

根据危险物质及其临界量标准确定重大危险源。

◆　重大危险源的评价

对已确认的重大危险源进行风险分析评价。

◆　重大危险源的管理

对每一个重大危险源制定严格的安全管理制度，通过技术措施和组织措施，对重大危险源进行严格的控制和管理。

◆　重大危险源的安全报告

生产经营单位在规定期限内，将已评价的重大危险源向政府主管部门报告。如新建的有重大危害性的设施，应在投入运转前提交安全报告。

◆　事故应急救援预案

生产经营单位制定场内应急救援预案，政府制定场外应急救援预案。

◆　工厂选址和土地的使用规划

政府有关部门应制定综合性的土地使用政策，确保重大危险源与居民区和其他场所以及公共设施安全隔离。

◆　重大危险源的监察

政府主管部门派出技术人员定期对重大危险源监察、调查、评估和咨询。

7.1.2　我国重大危险源管理的法律法规要求

《中华人民共和国安全生产法》第三十七条规定："生产经营单位对重大危险源应当登记建档，进行定期检测、评估、监控，并制定应急预案，告知从业人员和相关人员在紧急情况下应当采取的应急措施。生产经营单位应当按照国家有关规定将本单位重大危险源及有关安全措施、应急措施报有关地方人民政府负责安全生产监督管理的部门和有关部门备案。"

我国《危险化学品安全管理条例》第十九条规定：危险化学品生产装置或者储存数量构成重大危险源的危险化学品储存设施（运输工具加油站、加气站除外），与下列场所、设施、区域的距离应当符合国家有关规定：

1. 居住区、商业中心、公园等人员密集场所，学校、医院、影剧院、体育场(馆)等公共设施；

2. 饮用水源、水厂以及水源保护区；

3. 车站、码头（依法经许可从事危险化学品装卸作业的除外）、机场以及通信干线、通信枢纽、铁路线路、道路交通干线、水路交通干线、地铁风亭以及地铁站出入口；

4. 基本农田保护区、基本草原、畜禽遗传资源保护区、畜禽规模化养殖场（养殖小区）、渔业水域以及种子、种畜禽、水产苗种生产基地；

5. 河流、湖泊、风景名胜区、自然保护区；

6. 军事禁区、军事管理区；

7. 法律、行政法规规定的其他场所、设施、区域。

已建的危险化学品生产装置或者储存数量构成重大危险源的危险化学品储存设施不符合前款规定的，由所在地设区的市级人民政府安全生产监督管理部门会同有关部门监督其所属单位在规定期限内进行整改；需要转产、停产、搬迁、关闭的，由本级人民政府决定并组织实施。储存数量构成重大化学品储存设施的选址，应当避开地震活动断层和容易发生洪灾、地质灾害的区域。

我国《危险化学品安全管理条例》二十五条规定："储存危险化学品的单位应当建立危险化学品出入库核查、登记制度。对剧毒化学品以及储存数量构成重大危险源的其他危险化学品，储存单位应当将其储存数量、储存地点以及管理人员的情况，报所在地县级人民政府安全生产监督管理部门（在港区内储存的，报港口行政管理部门）和公安机关备案。"

我国《危险化学品安全管理条例》六十七条规定："危险化学品生产企业、进口企业，应当向国务院安全生产监督管理部门负责危险化学品登记的机构（以下简称危险化学品登记机构）办理危险化学品登记。危险化学品登记包括以下内容：分类和标签信息；物理、化学性质；主要用途；危险特性；储存、使用、运输的安全要求；出现危险情况的应急处置措施。另外，对同一企业生产、进口的同一品种的危险化学品，不进行重复登记。危险化学品生产企业、进口企业发现其生产、进口的危险化学品有新的危险特性的，应当及时向危险化学品登记机构办理登记内容变更手续。危险化学品登记的具体办法由国务院安全生产监督管理部门制定。"

7.2　重大危险源的辨识

7.2.1　重大危险源的辨识依据

根据《危险化学品重大危险源辨识（GB18218—2018）》危险化学品应依据其危险特性及其数量进行重大危险源识别。标准中规定了 85 种危险化学品需按照标准的临界量进行重大危险源识别，其他危险化学品应按照化学物质的危险特性（物理危险性、毒性、易燃易爆性等性质）确定其临界量，详见《危险化学品重大危险源辨识（GB18218—2018）》第 4.1.2 节。辨识危险化学品的纯物质及其混合物应按 GB 30000.2、GB 30000.3、GB 30000.4、GB 30000.5、GB 30000.7 ,GB 3000.8、GB 30000.9、GB 30000.10、GB 30000.11、GB 30000.12、GB 30000.13、GB 30000.14、GB 30000.15、GB 30000.16、GB 30000.18 的规定进行分类。危险化学品重大危险源可分为生产单元危险化学品重大危险源和储存单元危险化学品重大危险源。

判断是否为重大危险源的公式如下：

只有一种危险物质时：

$$\frac{q}{Q} \geqslant 1 \qquad\qquad (7\text{-}1)$$

式中，q——危险物质的实际储存量，单位为吨（t）；

　　　Q——生产场所或贮存区该危险物质的临界量，单位为吨（t）。

若结果满足式（7-1），则定为重大危险源。

当危险物质为多品种时：

$$\frac{q_1}{Q_1} + \frac{q_2}{Q_2} + \frac{q_3}{Q_3} + \cdots + \frac{q_n}{Q_n} \geqslant 1 \qquad\qquad (7\text{-}2)$$

式中，q_1、q_2、$\cdots$、q_n——每种危险物品的实际存在量，单位为吨（t）；

　　　Q_1、Q_2、$\cdots$、Q_n——与每种危险化学品相对应的临界量，单位为吨（t）。

若结果满足式（7-2），则定为重大危险源。

7.2.2　重大危险源的辨识流程和分级方法

7.2.2.1　重大危险源的辨识流程

危险化学品重大危险源的辨识流程如图 7-1 所示。

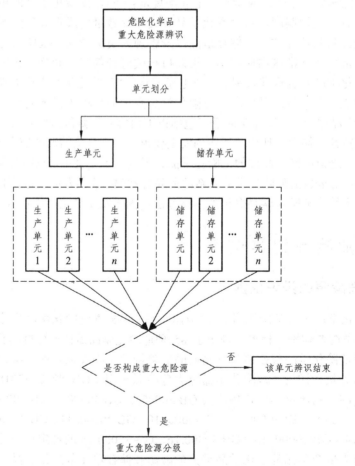

图 7-1　危险化学品重大危险源辨识流程图

7.2.2.2　重大危险源的分级方法

◆　重大危险源的分级指标

采用单元内各种危险化学品实际存在量与其相对应的临界量比值，并经校正系数校正后的比值之和 R 作为分级指标。

◆　重大危险源分级指标的计算方法

重大危险源的分级指标按式（7-3）计算：

$$R = \alpha \left(\beta_1 \frac{q_1}{Q_1} + \beta_2 \frac{q_2}{Q_2} + \cdots + \beta_n \frac{q_n}{Q_n} \right) \tag{7-3}$$

式中　R——重大危险源分级指标；

　　　α——该危险化学品重大危险源厂区外暴露人员的校正系数；

　　　$\beta_1, \beta_2, \cdots, \beta_n$——与每种危险化学品相对应的校正系数；

　　　$q_1, q_2, \cdots, q_n$——每种危险化学品实际存在量，单位为吨（t）；

　　　$Q_1, Q_2, \cdots, Q_n$——与每种危险化学品相对应的临界量，单位为吨（t）。

根据单元内危险化学品的类别不同，设定校正系数 β 值，详见《危险化学品重大危险源辨识（GB18218—2018）》第 4.3.2 节内容。

暴露人员校正系数 α 值根据危险化学品重大危险源的厂区边界向外扩展 500 m 范围内的常住人口数量确定，见表 7-1。

表 7-1　暴露人员校正系数 α 取值表

厂区外可能暴露人员数量	校正系数 α
100 人以上	2.0
50~99 人	1.5
30~49 人	1.2
1~29 人	1.0
0 人	0.5

◆　重大危险源分级标准

根据计算出来的 R 值，按表 7-2 确定危险化学品重大危险源的级别。

表 7-2　重大危险源级别和 R 值的对应关系

重大危险源级别	R 值
一级	$R \geqslant 100$
二级	$100 > R \geqslant 50$
三级	$50 > R \geqslant 10$
四级	$R < 10$

7.3　重大危险源的监控

安全监督管理部门应建立重大危险源分级监督管理体系和重大危险源宏观监控信息网络，实施重大危险源的宏观监控与管理，最终建立和健全重大危险源的管理制度和监控手段。

生产经营单位应对重大危险源建立实时的监控预警系统。应用系统论、控制论、信息论的原理和方法，结合自动检测与传感器技术、计算机仿真、计算机通信等现代高新技术，对危险源对象的安全状况进行实时监控，严密监视那些可能使危险源对象的安全状态向事故临界状态转化的各种参数变化趋势，及时给出预警信息或应急控制指令，把事故隐患消灭在萌芽状态。

7.3.1　重大危险源宏观监控系统

7.3.1.1　宏观监控的主要思路

在对重大危险源进行普查、分级，并制定有关重大危险源监督管理法规的基础上，明确存在重大危险源的企业对于危险源的管理责任、管理要求（包括组织制度、报告制度、监控管理制度及措施、隐患整改方案、应急措施方案等），促使企业建立重大危险源控制机制，确保安全。

安全生产监督管理部门依据有关法规，对存在重大危险源的企业实施分级管理，针对不同级别的企业确定规范的现场监督方法，督促企业执行有关法规，建立监控机制，并督促隐患整改。建立健全新建、改建企业重大危险源申报和分级制度，使重大危险源管理规范化、制度化。同时与技术中介组织配合，根据企业的行业、规模等具体情况，提供监控的管理及技术指导。在各地开展工作的基础上，逐步建立全国范围内的重大危险源信息系统，以便各级安全生产监督管理部门及时了解、掌握重大危险源状况，从而建立企业负责、安全生产监督管理部门监督的重大危险源监控体系。

重大危险源的安全生产监督管理工作主要由区县一级安全生产监督管理部门进行。信息网络建成之后，市级安全生产监督管理部门可以通过网络了解一、二级危险源的情况和监察信息，有重点地进行现场监察；国家安全监督管理部门可以通过网络对各城市的一级危险源的监察情况进行监督。

7.3.1.2　宏观监控系统的设计思想

各城市应建立重大危险源信息管理系统。该系统包括各企业重大危险源的普查分类申报信息、危险源分级评价信息、企业对重大危险源的管理情况信息、事故应急救援预案，以及安全生产监督管理部门对重大危险源的监察记录等信息。有条件的城市可建立以地理信息系统为基础的重大危险源信息管理系统，使重大危险源的分布情况更加直观。该系统可以把安全生产监督管理部门对重大危险源的监控管理工作提高到一个新的层次，直接通过计算机实现对各企业重大危险源监控工作的监督管理及跟踪企业重大危险源的分布变化情况，使安全生产监督管理部门的管理工作从直观性到实时性得到很大提高。

为了便于信息的传递和更新，各城市应建立各区县安全生产监督管理部门与市安全生产监督管理部门的信息网络系统，以拨号连接方式建立网络，定期进行数据的更新。

设立国家重大危险源监控中心，建立以地理信息系统为基础的重大危险源监控总系统，并搜集各城市重大危险源的分布管理情况，对已经建立地理信息系统的城市，可以将城市重大危险源的分布状况信息和管理情况直接在总系统的电子地图上显示出来，为国家安全生产监督管理部门决策所用，待条件成熟之后，可以把重大危险源监控总系统、各城市的监控子系统以及企业的计算机监控系统通过网络相连。

7.3.1.3　宏观监控系统的网络设计方案

各子系统要求采集城市所辖的重大危险源信息，在各城市的地理信息系统（电子地图）上进行危险源信息的统计、报表以及多媒体信息显示，并将危险源信息和监察企业执行重大危险源安全管理有关规定的情况及时发送给监控总系统。

监控总系统要建立自己的网络主页，以便子系统和其他授权用户可以在网上访问总系统的主页，子系统将危险源信息和监察企业执行重大危险源安全管理有关规定的情况通过网络及时发送给监控总系统。

重大危险源宏观监控系统的网络组成框图如图 7-2 所示。

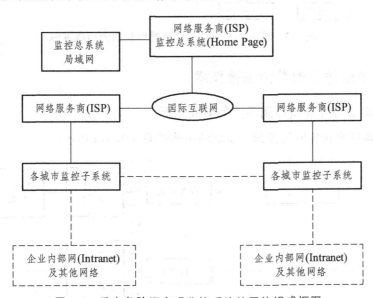

图 7-2　重大危险源宏观监控系统的网络组成框图

7.3.1.4　城市重大危险源信息管理系统

城市重大危险源信息管理系统集计算机数据、多媒体、地理信息系统于一身，能为有关管理部门及时、直观、形象地提供重大危险源信息，以及发生事故后的抢险、救援信息，有利于管理部门及时、准确地决策，最大限度地减少发生重大事故的可能性及事故后造成的各项损失。

城市重大危险源信息管理系统的目标和任务主要包括：

（1）重大危险源信息（包括多媒体及地理信息）的管理；

（2）重大危险源危险程度评估的计算机辅助分析；

（3）重大危险源事故应急救援预案的形象表述；

（4）为政府部门宏观管理和政府决策提供准确、全面、形象的信息、依据和手段，提高政府部门安全生产管理水平，促进重大事故隐患及重大危险源管理的规范化和科学化。

城市重大危险源信息管理系统的组成框图如图 7-3 所示。

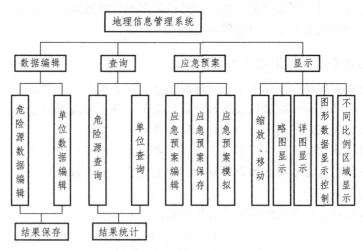

图 7-3　城市重大危险源信息管理系统的组成框图

7.3.2　重大危险源实时监控预警技术

7.3.2.1　重大危险源计算机控制系统的组成原理

重大危险源计算机实时监控预警系统的主体框架如图 7-4 所示。

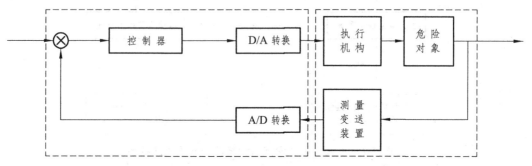

图 7-4　重大危险源计算机实时监控预警系统的主体框架

图 7-4 中的危险源对象是指工业生产过程中所需的以及各种生产场所拥有的危险源设施或设备，如罐区、库区、生产场所等。这些设施或设备有各种易燃、易爆、毒性等危险物质，对安全生产和人身安全构成了极大的威胁。它们的特性参数是重大危险源监控预警系统所要关注的主要参数，将这些参数进行数据采集，转换成计算机所能识别的信号，利用计算机对重大危险源进行检测、监视、预警和控制，预防重大事故的发生，实现安全生产。

要达到计算机自动检测和自动控制重大危险源的目的，还应将计算机所计算出来的结果动态反馈到危险源对象上去，由执行机构对危险源对象的各种参数进行控制，使之运行在安全范围以内。

众所周知，表征工业生产过程特性的物理参数（危险源对象）大部分是模拟信号或者是开关量信号，而计算机采用的是数字信号。为此，两者之间必须采用模/数转换器（A/D）和数/模转换器（D/A），以实现这两种信号之间的转换。尽管各种工业生产过程、危险源对象多种多样，但对其实施控制的计算机却大同小异。

重大危险源实时监控预警系统结合了过程控制、自动检测、传感器、计算机仿真、数据传输和网络通信等理论与实践技术。首先从危险源数据采集系统开始，分析哪些因素是造成事故的原因，找到需要采集的危险源对象和参数。将标准信号通过数据采集装置，转换成计算机能够识别的数字信号，用于控制或预警系统的后处理。数据采集装置可以是数据采集卡、单片机或 PLC，它往往可以同时采集多路标准信号。如果需采集的标准信号很多，也可以选用多个数据采集装置。

有的系统需要采用数据采集装置所采集来的数据，且监控计算机可能与数据采集装置相距很远，因而需要采用远距离通信技术将数据采集装置采集的数字信号传送到较远的监控计算机上。必要的时候，还要采用网络技术，将其连成局域网。整个数据采集系统采用分布式层级结构，其结构框图如图 7-5 所示。

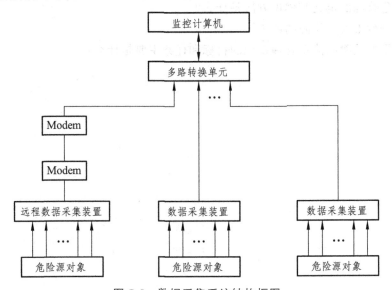

图 7-5　数据采集系统结构框图

7.3.2.2　重大危险源计算机实时监控预警系统的工作原理

重大危险源对象大多数时间运行在安全状况下。监控预警系统的目的主要是监视其正常情况下危险源对象的运行情况及状态，并对其实时和历史趋势做一个整体评判，对系统的下一时刻做出一种超前（或提前）的预警行为，因而在正常工况下和非正常工况下有对危险源对象及参数的记录显示、报警等功能。

正常运行阶段：正常工况下，危险源处于安全状态下，系统进行主要参数（温度、压力、浓度、油，水界面、泄漏检测传感器输出等）的数据显示、报表、超限报警，并根据临界状态判据自动判断是否转入应急控制程序。

事故临界状态：当被实时监测的危险源对象的各种参数超出正常值的界限时，如不采取应急控制措施，就会引发火灾、爆炸及重大毒物泄漏事故。在这种状态下，监控系统一方面给出声、光或语言报警信息，由应急决策系统显示排除故障的操作步骤，指导操作人员正确、迅速地恢复正常工况，另一方面发出应急控制指令（例如，条件具备时可自动开启喷淋装置，使危险源对象降温，自动开启泄放阀降压，关闭进料阀制止液位上升等）；或者当可燃气体传感器检测到危险源对象周围空气中的可燃气体浓度达到阈值时，监控预警系统将及时报警，同时还能根据检测出的可燃气体的浓度及气象参数（风速、风向、气温、气压、湿度等）传感器的输出信息，快速绘制出混合气云团在电子地图上的覆盖区域、浓度预测值，以便采取相应的措施，防止火灾、毒物的进一步扩大。

事故初始阶段：如果上述预防措施全部失效，或因其他原因致使危险源及周边空间起火，为及时控制火势，应与消防措施结合，可从两个方面采取补救措施：一是应用早期火灾智能探测与空间定位系统及时报告火灾发生的准确位置，以便迅速扑救；二是自动启动应急控制系统，将事故抑制在萌芽状态。

习题与思考题

1. 重大危险源的定义和辨识方法是什么？
2. 如何进行重大危险源的评价？
3. 城市重大危险源信息管理系统的目标和任务主要是什么？

第 8 章　案例

8.1　石油案例

案例一　大连保税区油库火灾爆炸事故

1. 事故经过

2010 年 7 月 16 日 18 时许,位于辽宁省大连市保税区的大连中石油国际储运有限公司(以下简称国际储运公司)原油罐区输油管道发生爆炸,造成原油大量泄漏并引起火灾。导致部分原油、管道和设备烧损,另有部分泄漏原油流入附近海域造成污染。事故造成 1 名作业人员轻伤、1 名失踪;在灭火过程中,1 名消防战士牺牲、1 名受重伤。事故造成的直接经济损失为 22 330.19 万元。详细情况如下:

2010 年 5 月 26 日,中油燃料油股份有限公司与中国联合石油有限责任公司签订了事故涉及原油的代理采购确认单。在原油运抵大连港一周前,中油燃料油股份有限公司得知此批原油的硫化氢含量高,需要进行脱硫化氢处理,于是中油燃料油股份有限公司于 7 月 8 日与天津辉盛达石化技术有限公司(以下简称天津辉盛达公司)签订协议,约定由天津辉盛达公司提供"脱硫化氢剂",由上海祥诚商品检验技术服务有限公司(以下简称上海祥诚公司)负责加注作业。7 月 9 日,中国联合石油有限责任公司原油部向大连中石油国际储运有限公司下达原油入库通知,注明硫化氢脱除作业由上海祥诚公司协调。7 月 11 至 14 日,大连中石油国际储运有限公司、上海祥诚公司大连分公司和中石油大连石化分公司石油储运公司的工作人员共同选定原油罐防火堤外 2 号输油管道上的放空阀作为脱硫化氢剂的临时加注点。

7 月 15 日 15 时 30 分左右,宇宙宝石号油轮开始向大连中石油国际储运公司原油罐区卸油,卸油作业在两条输油管道同时进行。

7 月 5 日 20 时左右,上海祥诚公司和天津辉盛达公司的作业人员开始通过原油罐区内的两条输油管道(内径 0.9 米)上的排空阀向输油管道中注入"脱硫化氢剂"。天津辉盛达公司的人员负责现场指导。

7 月 16 日 13 时左右,宇宙宝石号油轮暂停卸油作业,但注入"脱硫化氢剂"的作业没有停止。上海祥诚公司和天津辉盛达公司现场人员在得知油轮停止卸油的情况下,继续将剩余的约 22.6 t 的"脱硫化氢剂"加入输油管道,18 时左右,在注入了 88 m³ 的"脱硫化氢剂"后,现场作业人员加水对"脱硫化氢剂"管路和泵进行冲洗。18 时 8 分左右,靠近"脱硫化氢剂"注入部位的输油管道突然发生爆炸,引发火灾,造成部分输油管道、附近的储罐阀门、输油泵房和电力系统损坏和大量原油泄漏。事故导致储罐阀门无法及时关闭，火灾不断扩大。原油顺地下管沟流淌，形成地面流淌火，火势蔓延。事故造成 103 号储油罐和周边泵房及港区主要输油管道严重损坏，部分原油流入附近海域。

2. 事故原因分析

◆ 直接原因

经中石油国际事业有限公司（中国联合石油有限责任公司）下属的大连中石油国际储运有限公司同意，中油燃料油股份有限公司委托上海祥诚公司使用天津辉盛达公司生产的含有强氧化剂（过氧化氢）的"脱硫化氢剂"（以下简称"HD 剂"），违规在原油库输由管道上进行加注"脱硫化氢剂"作业，并在油轮停卸油的情况下继续加注，造成"脱硫化氢剂"在输油管道内局部富集，发生强氧化反应，导致输油管道发生爆炸，引发火灾和原油泄漏。

◆ 间接原因

（1）由于罐区内储存的大多是进口的高硫油，因此原油管道长期处于腐蚀性很强的介质中，而在卸油后，对原油管道又没有及时采取处理措施，导致管壁逐渐变薄，使管道的承压力下降，最终在最薄弱处爆裂。

（2）承包公司不经过任何小试、中试、工业化试验、产品鉴定和产品安全性评价等必经过程，就直接将"HD 剂"投入工业化应用，违反了《中华人民共和国安全生产法》关于新产品、新技术"应掌握其安全技术特性"的规定。

（3）天津辉盛达公司向输油管道内添加"HD 剂"作业，没有进行风险辨识和评价，没有编制具有可操作性的作业指导文件，没有制定在油船停止卸油时"HD 剂"添加工作如何调整的规定，并且向输油管道内直接加入"HD 剂"的做法，其本身就违反了《石油库设计规范》（GB50074—2002）的相关规定。

（4）上海祥诚公司的经营范围中，只有"从事进出口商品检验和相关技术服务"，并没有工程施工的业务范围，而中油燃油股份有限公司将"HD 剂"的添加工作委托给没有施工资质的上海祥诚公司，负有失察的责任。

（5）整个卸油、加剂工作安全管理混乱，指挥协调不力。

（6）大连市安全监管局对大连中石油国际储运有限公司的安全生产工作监管检查不到位。

3. 防范措施

（1）立即组织开展对已投用石油库的安全检查。地方各级人民政府和有关企业要立即组织对建成投用的所有石油库进行全面安全检查，检查石油库在规划布局、油库设计、本质安全、管理体制和管理责任落实、规章制度建立、人员素质、安全生产、应急管理等方面存在的问题和隐患，限期彻底整改。各地区要对石油库开展风险评估，全面查找、消除安全隐患，对规模大、品种多、风险高、处于敏感区域的石油库，要督促企业采取有效措施提高安全设防等级。

（2）组织对石油库拟建和在建项目进行全面清理整顿。地方各级人民政府要组织相关部门，对本辖区内拟建和已批准在建的石油库建设项目进行全面清理整顿。清理整顿工作要重点检查在建石油库是否依法依规履行了相关项目核准和相关审查手续，选址、布局是否满足安全要求，对发现的问题和隐患要采取有针对性的防范措施，确保新建、在建石油库满足安全要求。要组织对石油库拟建项目再次进行安全论证,不能确保安全的,严禁建设。

（3）地方各级人民政府要认真贯彻落实新修订的《危险化学品安全管理条例》（国务院令第 591 号）的有关规定,科学规划专门用于危险化学品生产、储存的区域,合理布局专门区域内的危险化学品生产、储存装置,统筹解决区域安全及相关应急处置等问题,提高区域抗御危险化学品事故灾害的能力;对新建危险化学品生产、储存专门区域,要编制安全等专项规划。

（4）涉及危险化学品的单位要深刻吸取事故教训,切实加强安全生产工作。要坚决贯彻执行国家有关安全生产的法律法规,坚持"安全第一、预防为主、综合治理"的方针,全面落实《国务院通知》的要求,切实履行企业安全生产主体责任;完善安全生产管理体制机制和安全生产责任制等各项管理制度;强化工艺、设备、物资采购及检（维）修等专业管理,严格执行各类安全操作规程和规定,持续深入排查各类安全生产事故隐患;切实加强对供应商、承包商的管理;建立和完善变更管理有关制度,切实加强变更管理,严格防范由各类变更带来的事故风险,做到不安全不生产。

案例二　青海英东油田"4·19"井喷事故

1. 事故经过

2014 年 8 月 11 日 21 时 40 分,由长城钻探工程公司西部钻井有限公司代管的靖边县天通实业有限公司"长城 40609 钻井队"（冒用长城钻探工程公司钻井一公司队号,该队为民营队）,其施工的长庆油田采油六厂安平 179 井在下完油层套管循环钻井液过程中,发生井场油气着火事故,造成井架烧毁、钻具报废及部分设施损毁,直接经济损失约 300 万元。着火区域主要集中在排污池和井口附近,事故没有造成人员伤亡和环境污染。详细情况如下:

8 月 11 日 13 点 30 分,该井下入 139.7 mm 油层套管 3 449.80 m。由于本井采用芯轴式套管头,芯轴式套管悬挂器坐在套管头下部本体内,密封了油层套管环空（阻断了循环泥浆通过封井器和节流管汇通道）,采取在套管头下本体旁通阀接高压软管至地面排污池进行固井前循环,循环排量 10 L/s,循环时间 1.5 h。

15 点 30 分,钻井队关闭套管头旁通阀进行观察,与固井队协商固井事宜。

16 点 30 分,固井队接好固井管线进行例行检查时,固井工程师马×× 发现停泵后高压软管出口有溢流并有油花,为保证固井质量和井控安全,要求钻井队先循环压稳然后再固井,钻井队不同意。由于双方意见不一致,钻井队向六厂项目组报告有油气浸入,项目组主管钻井的副经理王×× 决定先循环压稳后再固井,并要求长城第三监督部钻井副总监杨×× 落实。钻井队因现场储备加重材料不够,关闭套管头旁通阀准备配浆。

18 点 30 分,加重材料到井后,钻井队配制密度为 1.18 g/cm³ 的钻井液 70 方。

19 点,钻井队打开套管头旁通阀,单凡尔排量 10 L/s 循环至 21 点,注入 60 方钻井液,停泵观察,出口依然有溢流。随后,继续配制密度 1.18 g/cm³ 钻井液 35 方。

21 点 37 分,钻井队开泵循环。

21 点 40 分,距井口 15 m 左右的排污池发生油气闪爆着火,着火范围为排污池。着火后司钻停泵紧急撤离井场,其他人员全部跑出井场。

23 点 40 分,火焰顺高压软管燃烧至距井口 8 m 左右。8 月 12 日 2 点,火焰燃烧至井口,火焰高 15 m 左右；3 点 30 分，井架倒塌。17 点 30 分，进行现场灭火降温，火焰扑灭。

2. 事故原因分析

◆ 直接原因

该井在下完油层套管循环钻井液的过程中，井内返出的钻井液直接排放到排污池，钻井液中含有的烃类混合物和伴生气在排污池聚集至一定浓度后闪爆着火，引燃排污池表面的油气混合物，火焰从排污池顺高压软管燃烧至井口，导致井架坍塌损毁。

◆ 间接原因

（1）钻井队在完井作业过程中，钻井液循环不充分，导致地层油气侵入井筒，形成溢流。

（2）循环压井时间滞后，导致油气运移并聚集在井口附近。

（3）钻井队未认真执行《井控实施细则》的规定和设计要求，在关键作业环节存在严重违章行为。

（4）钻井队人员的素质低下，缺乏工作经验。整个钻井队人员来源复杂，素质参差不齐，既不成建制也没有进行过工作磨合，对钻机、地质条件、工作环境都不熟悉。

（5）钻井队纪律松懈、管理混乱，错失关井时间，应急处置不当。

（6）监督人员的能力、素质不高，在处理复杂情况、应对突发事件等方面，监督责任落实不到位。

（7）长城西部钻井公司投标违规，使用无资质的民营钻井队从事钻井作业。

（8）长城西部钻井公司没有认真履行承包商管理责任，安全管理失控。

3. 防范措施

（1）必须充分认识井控"联责、联管、联动"的重要意义，切实发挥"三联"作用。负有井控责任的甲乙双方是一个共同体，同属一个责任主体，必须避免以包代管、包而不管。

（2）加强民营队伍管理，切实加强过程跟踪和能力提升，切实加强现场管理及基层管理，提高基层队伍的战斗力和应对复杂与险情的能力。

（3）加强招投标资格审查及合同履行跟踪检查责任制建设，严格查处使用假资质、套用其他人员资质等违规行为，严肃查处违规、违纪行为，坚决清退套牌民营队伍。

（4）甲方产能建设部门相关人员要加强钻井、井下作业等工程技术专业能力的培训与提升，真正做到懂专业、有能力，有效应对现场发生的各种复杂和险情。

（5）加强钻井监督人员的管理。针对当前监督能力普遍低下、素质不高的情况，必须严格选聘标准，强化专业技术资格管理培训和检查考核，切实提升能力，真正发挥监督作用。

（6）长庆油田分公司牵头进一步建立健全各管理层级的井控安全管理制度，规范职责。

（7）长庆油田分公司对照"五关"要求，立即对公司范围内所有承包商和施工队伍开展一次全面彻底的能力排查。对能力差、管理弱、队伍人员变化大、执行力薄弱的单位或队伍，要坚决清退出市场。

（8）加强人员培训管理，杜绝培训形式化、取证商业化。

（9）应按照风险等级对井控工作进一步细化，对重点井和高风险井，在队伍选择、成本预算、井控等级、监督管控等方面强化管理，对队伍资格、人员素质和监督能力等严格审查、重点把关，做好生产运行过程控制和应急处置，避免类似事故再次发生。

8.2 化工案例

案例一 邯郸市龙港化工有限公司"11·28"中毒窒息事故

1. 事故经过

2015 年 11 月 28 日 19 时 56 分，邯郸市龙港化工有限公司 2 号液氨储罐备用液氨进料口由于盲板螺栓断裂，发生液氨泄漏事故，造成 3 人死亡、8 人受伤，直接经济损失约 390 万元。详细情况如下：

2015 年 11 月 28 日 17 时，邯郸市龙港化工有限公司化二车间乙班合成操作工董××、吕××等 3 人接班后开始工作，董××负责放氨及装车，吕××负责操作合成塔炉温。董××接班后首先对液氨储罐区进行了安全巡检，在确认系统正向 2 号液氨储罐放氨后，回到液氨储罐区电脑监控室值班，值班过程中电脑监控显示 2 号液氨罐的压力和液位均在正常范围内。当时有 2 台液氨槽车（东西方向停放）在装车处等待装车。19 时 56 分左右，董××在电脑监控室值班突然听到外面"咚"的一声响，立即跑出去查看，发现 2 号液氨储罐南半部上端液氨发生泄漏，急忙用对讲机通知合成塔操作工吕××，告诉他 2 号罐液氨泄漏了，让他赶紧把 1 号液氨储罐进氨阀打开，关闭 2 号液氨罐进氨阀，然后董××跑至调度室，向值班调度陈××报告事故情况。陈××听到响声正出来查看情况，接到报告后立即启动应急预案，在电话通知甲醇岗位人员撤离的同时，分别向化二车间主任李××、生产副总经理张××、董事长杨××及安全科长于××等人通报事故情况。

2. 事故原因分析

◆ 直接原因

2 号液氨储罐备用液氨接口固定盲板所用不锈钢六角螺栓不符合设计要求，且其中 2 条螺栓陈旧性断裂造成事故发生。

◆ 间接原因

（1）施工（维修）管理不严。企业有关人员在进行液氨储罐安装施工、大修和日常检查中，未严格按照设计要求进行安装施工、配件更换和隐患排查，造成所用不符合设计要求的螺栓隐患长期存在，直至事故发生。

（2）应急措施不到位。甲醇控制室、精醇操作室没有配备防氨气泄漏的防护用品，致使发生大量氨气泄漏时，甲醇控制室、精醇操作室人员未佩戴防护器材或采取其他有效措施安全撤离。企业对外来人员以及厂内从业人员应急培训针对性、实用性不强，组织应急演练覆盖面窄，岗位风险辨识不全，未全面考虑有毒有害气体的影响范围和后果。

（3）入厂车辆管理制度未落实。相关人员未严格执行不作业车辆不得在现场停留的规定，致使危货运输车辆在液氨储罐区等待装车。

（4）特种设备管理制度执行不严。特种设备检修没有严格落实经常性维护保养和定期自行检查等有关规定，相应制度落实不到位，存在管理盲点。

（5）邱县经济开发区管委会督促企业落实安全生产责任不全面。对该企业督导检查不深入，在设备管理、应急预案演练、安全培训工作方面的监督检查存在薄弱环节，未能监督指导企业及时发现存在的问题和隐患。

（6）邱县安监局落实安全生产监管职责不全面。对该公司重大危险源监控、隐患排查、应急预案、安全教育培训工作的监督检查不全面、不细致，未能监督指导企业及时发现存在的问题和隐患。

（7）邱县质监局落实特种设备的安全监察职责不全面。对该公司压力容器安全使用情况监督检查不细致、不深入，未依照《固定式压力容器安全技术监察规程》（TSG R004—2009）等规定严格监督检查，未能监督指导企业及时发现存在的问题和隐患。

3. 防范措施

（1）加强企业安全管理。企业要认真贯彻落实《中华人民共和国安全生产法》，切实做到安全生产"五落实、五到位"。认真开展隐患排查治理，严格按标准规范设计、安装、维护和使用生产设施。建立健全企业各项安全生产责任制和安全操作规程，修订完善设备设施、检（维）修、劳动防护、装卸车等管理制度并严格执行。

（2）切实加强特种设备的安全管理。建立健全设备安全管理体系，明确车间、科室、主管领导的管理责任，建立健全有关管理制度，严格依照设计图纸或设计文件制定技改、检修方案，检修方案必须经企业技术负责人员组织企业有关人员审查后方可实施。加强设备管理和维修人员培训，提高相关人员的素质和维护保养水平。对照施工图全面检查所有压力管道配套的法兰紧固件，对不满足设计要求的全部进行更换，在投入使用前应进行严格的试压、试漏、气密性试验。

（3）高度重视应急管理工作。进一步完善应急预案，增强针对性和可操作性。加强从业人员和外单位进厂人员的危险化学品性质、防护和应急处置等安全教育培训，确保事故情况下具备自救互救能力。甲醇控制室、精醇操作室等作业场所应按规定配备防氨泄漏的应急救援器材、设备设施，定期进行演练。加强机动车辆进厂管理，严禁运输危险化学品车辆在罐区等危险区域等待装卸车。

（4）加强物资采购管理。完善物资采购管理的质量控制，申报采购计划必须按照设计图纸提出质量要求，采购物料的质量合格证明要存档检查。

（5）加强开发区安全生产工作。邱县经济开发区管委会要认真落实县委、县政府对属地企业安全生产监管的主体责任，不断提高对安全生产工作的重要性和严肃性的认识，深刻汲取此次事故的教训，举一反三，认真贯彻落实"安全第一、预防为主、综合治理"方针，切实抓好辖区内的安全生产工作。

（6）加强部门（行业）安全监管。各级各有关部门要切实加强特种设备和危化企业安全监督管理，督促企业认真执行有关法律法规、标准规范和工作要求，针对企业设备管理、人员培训、应急救援等方面存在的薄弱环节，加强监督检查，严格执法，认真落实好部门监管责任。

案例二　唐山开滦化工有限公司"3·7"爆炸事故

1. 事故经过

2014年3月7日11时25分，位于唐山市古冶区赵各庄北的唐山开滦化工有限公司乳化炸药生产车间发生重大爆炸事故，造成13人死亡，直接经济损失1 526.53万元。详细情况如下：

3 月 7 日 6 时 43 分，生产线自动控制系统计算机送电。6 时 45 分，工控系统开机，水相、油相开始加温，初始温度分别为 79.9 ℃ 和 66 ℃。8 时 06 分，输料螺旋启动，开始向水相罐内加料。8 时 18 分，停止加料。8 时 53 分，水相化验人员进行检验。10 时 18 分，乳化器启动。10 时 26 分，乳化器停止。10 时 31 分，切换水相制备 B 罐后，乳化器再次启动。11 时 22 分，乳化器停止。至 11 时 25 分，累计生产乳化炸药 428 卷，计 3 424 kg，其中 1 号机生产 377 卷，2 号机生产 51 卷。11 时 25 分，工房突然发生爆炸。

爆炸现场形成一个大爆坑和一个爆炸压痕。大爆坑直径 5.22 m，深 1.27 m。装药机位置的爆炸压痕东西长 3.5 m、南北宽 2 m。

水相油相制备罐、乳化器、冷却机基本完好并保持原来位置。敏化机被推到东侧隔墙边并侧翻，存留的约 80 kg 乳化炸药，无燃烧爆炸痕迹。以上设备均未参与爆炸。

装药车间内有 5 台装药机，其中 2 台为晓进装药机，3 台为 KP 装药机，自东向西依次排列。爆炸发生后，3 台 KP 装药机基本完整，仅出现变形和扭曲（其喂料泵料斗变形、泵腔完整），与 2 台喂料泵倒在装药间内的西北角，另 1 台喂料泵在装药间内的北侧，KP 装药机及喂料泵未参与爆炸。2 台晓进装药机参与了爆炸，彻底解体，无完整、完好的零部件，碎块分布于四周，正南偏西方向居多。

爆炸造成装药间主体结构摧毁，框架柱炸弯、炸倒，框架梁炸断、炸塌，屋盖炸碎，前后维护墙均炸飞。装药间东侧的乳化敏化间主体结构及外墙基本完好，乳化敏化间与装药间的隔墙被向东推倒。装药间西侧的包装间主体结构受破坏，两侧外墙受损严重，装药间与包装间的隔墙和山墙被向西摧毁，局部屋顶坍塌。周围建筑物的主体结构均没有明显的受损痕迹，主要是窗框、窗扇、门和玻璃被破坏，最远波及范围为 294 m。

2. 事故原因分析

◆ 直接原因

晓进装药机叶片泵内存有死角，结构设计不合理，容错能力低、风险大，存在固有缺陷。装药机转子与转子下端面和泵底上端面之间的物料摩擦、转子上下端面与泵体端面之间的金属摩擦产生的热积累，导致物料中的析晶含油硝铵发生热分解，最终导致爆炸。

◆ 间接原因

（1）晓进公司研发和生产装药机执行国家标准和行业标准不到位；未按照《机械工业产品设计和开发基本程序》（JB/T 5055—2001）的规定进行设计计算，并编写计算书；未对技术设计进行评审并记录；未验证工艺规程、工序能力及工装，未编写样机试制总结报告以及开展工序质量控制点活动等；未按照《生产设备安全卫生设计总则》（GB 5083—1999）的规定，对生产、使用、贮存和运输易燃易爆物质和可燃物质的生产设备，根据其燃点、闪点、爆炸极限等不同性质采取避免摩擦撞击的预防措施；未按照《民用爆破器材企业安全管理规程》（WJ 9049—2005）的规定，对用于加工、输送、存储危险物品的各种设备器具，或有可能接触危险物品的运转部件选择合理密闭方式，在设计制造时采取防止产生火花、静电危害和不安全的机械摩擦、撞击等措施。

（2）晓进公司生产的叶片泵装药机用于乳化炸药生产存在安全隐患。晓进装药机叶片泵存在固有死角区域，而这些死角区域积累的不可置换的物料始终处于摩擦、挤压状态，容易产生热积累。配合间隙小、内外定子曲面设计不合理、泵底环形槽设计不合理、外定子设计不合理等因素的存在，不断产生和加剧了叶片与内外定子之间、叶片上下切面与泵体端面之间、转子上下端面与泵体端面之间的金属摩擦。该叶片泵应用于乳化炸药生产存在的固有缺陷所带来的爆炸风险无法通过日常维护保养完全消除，用于乳化炸药生产存在安全隐患。

（3）南京理工科技化工有限公司对晓进公司研发的大直径叶片泵装药机出具的安全评价报告的重要条款严重漏评。晓进装药机进入市场前，由南京理工科技化工有限公司进行了安全评价。该评价所依据的技术规范和标准不充分，未将《生产设备安全卫生设计总则》（GB 5083—1999）等标准作为主要评价依据，评价报告《设备安全性检查表》未对泵体内相对运动的零件可能产生的机械摩擦、撞击等做出评价，也未提出相应的防范措施和建议；未按照《机械工业产品设计和开发基本程序》（JB/T 5055—2001），对晓进装药机的设计计算、技术设计与开发评审、材料选择、工艺工装评审、型式试验等项目做出评价。

（4）唐山开滦化工有限公司安全管理不到位。职工教育培训不到位，隐患排查不彻底，《设备使用维修保养制度》《设备检修安全管理制度》内容不全，规定不严格，不能有效地规范设备保养和检修，对乳化炸药装药机的大中修仅规定了检修周期，未规定检修内容，对关键零部件未规定定期强制更换的要求。

（5）唐山市工信局对唐山开滦化工有限公司的安全生产大检查不到位。未发现该公司存在的职工教育培训不到位、隐患排查不彻底，《设备使用维修保养制度》及《设备检修安全管理制度》内容不全、规定不严格等问题。

3. 防范措施

（1）由工信部门对叶片泵在乳化炸药生产过程中的安全性能重新进行鉴定和试验。在未出鉴定结论之前，停止使用该类型装药机。

（2）由工信部门建议国家将乳化炸药装药机纳入特种设备管理。

（3）进一步改进乳化炸药装药机泵送系统，降低泵腔内机械摩擦、撞击、挤压和集药死角带来的风险。

（4）设备生产厂家应对使用单位做好安全技术交底，对民爆专用生产设备的风险进行有效辨识，并提出明确的风险管控措施，同时对使用维护及维修保养做出详细说明。

（5）修订和完善民爆行业的管理法规和规程，健全各类民爆生产专用设备设施、产品质量安全管理制度规程。

（6）落实乳化炸药装药机安全监测连锁装置的有效性，实现运行技术参数实时自动上传生产线监控系统。

8.3　矿山案例

案例一　沙河市上郑村上西铁矿"1·4"透水事故

1. 事故经过

2014年1月4日14时左右，沙河市上郑村上西铁矿发生一起透水事故，造成4人死亡，直接经济损失335万元。详细情况如下：

2014 年 1 月 4 日，沙河市上郑村上西铁矿早班 22 人入井作业，1 月 4 日 12 时左右，井下水量增大。14 时左右，正在井下巡查的技术负责人李××突然发现 −80 m 平巷由南向北出现涌水量明显增大，立即告知带班矿长朱××，朱××立即通知作业人员升井，并报告井上值班矿长杨××，18 名井下作业人员陆续升井，−120 m 水平作业点 4 名工人未能及时撤离被困井下。

2. 事故原因分析

◆ 直接原因

在透水区域一带，巷道围岩为矿体，巷道以上顶板隔水层较薄，稳固性差，巷道顶板在大于 90 m 的岩溶水水压作用下遭受破坏，导致 −84 m~ −120 m 南二下山 −100 m 岩溶水透水。

◆ 间接原因

（1）企业隐患排查整治不彻底，未严格落实矿山企业防探水的有关规定。

（2）未在施工最下一个中段（−120 m 水平）形成永久排水系统或依据设计涌水量设置临时排水设施，致使透水后无法适应排水要求。

（3）在 −100 m 和 −120 m 巷道联络巷塌堵、不具备两个安全出口的情况下，安排人员作业。

（4）沙河市赞善街道办事处对上西铁矿进行安全检查不到位。

（5）沙河市安监局对上西铁矿进行安全检查不全面、不彻底；驻矿监管人员履行监管职责不到位。

（6）沙河市人民政府对各项工作能够及时安排布置，但督促有关乡镇政府和职能部门履行非煤矿山安全生产监管职责不到位。

3. 防范措施

（1）牢牢坚守安全生产红线。全市各级各部门各单位都要深刻汲取沙河市上郑村上西铁矿"1·4"较大透水事故的沉痛教训，认真学习贯彻习近平总书记关于安全生产工作的一系列重要讲话批示精神，牢固树立红线理念和底线思维，建立健全"党政同责、一岗双责、齐抓共管"的安全生产责任体系，把安全责任落实到领导、部门和岗位；要正确处理安全与发展、安全与效益、安全与生产的关系，切实加强对安全生产工作的监督和管理，依法依规，严管严抓。

（2）切实落实企业主体责任。生产经营单位要认真履行安全生产主体责任，健全安全管理机构；进一步深化安全生产承诺制建设，健全落实安全生产"三项制度"；要建立健全隐患排查治理制度，落实企业主要负责人的隐患排查治理第一责任，确保隐患整改到位；加大安全生产投入，落实技术改造和隐患治理资金；强化安全生产宣传教育，提高从业人员素质；定期组织应急预案演练，提高职工应急处置能力。特别是矿山企业要严格按照"预测预报、有疑必探、先探后掘、先治后采"的水害防治原则，落实"防、堵、疏、排、截"五项综合治理措施。

（3）切实加强对基建矿山的安全监管。各级安全监管部门要认真履行安全监管职责，严格执行建设项目安全设施"三同时"制度；认真执行非煤矿山外包工程安全管理的有关规定，督促矿山建设施工单位按照批准的初步设计及安全专篇组织施工，建立健全各项安全管理制度和措施，加强建设项目外包队伍管理，确保施工安全。

案例二　河北省宣化县大白阳金矿有限公司"7·30"冒顶事故

1. 事故经过

2015年7月30日16时20分许，河北省宣化县大白阳金矿有限公司在韩家沟矿区1737中段巷道内清渣时，发生1起冒顶事故，造成1人死亡，直接经济损失约120万元。详细情况如下：

2015年7月30日8时30分，大白阳金矿生产技术员张××带领安全员崔××给顺通公司作业队长耿×波布置工作任务。10时左右，3人进入韩家沟矿区1737中段旧巷道，确定作业点清理废渣工作。中午吃午饭时，耿×波将1737中段旧巷道清渣工作安排给了作业组长耿×江。15时30分左右，耿×江带领耿×胜、吴××穿戴好劳保用品，来到1737中段旧巷道作业地点。耿×江用排险钎杆对巷道顶帮浮石进行了简单检撬后，3人开始协同清理巷道内的废渣。约16时20分许，吴××正弯腰往铁簸箕扒渣时，巷道顶部浮石突然脱落，其中一块0.5 m×0.3 m的石头砸在吴××背部。

2. 事故原因分析

◆ 直接原因

耿×江、耿×胜、吴××在清渣作业前，对作业巷道存在的安全隐患排查不到位，敲帮问顶不彻底。施工地段巷道地质条件较差，构造裂隙较发育，巷道岩石较破碎，没有进行有效支护，致使浮石脱落，浮石砸在吴××背部致其死亡。

◆ 间接原因

（1）企业隐患排查不到位。作业人员检撬浮石不彻底，只是对大块浮石周边的小块进行了清理，没有继续对大块浮石进行彻底排险。

（2）对企业职工的安全教育和培训不到位。职工安全意识淡薄，明知现场存在较大的安全隐患却忽视安全，作业人员违章冒险在大块浮石底部进行扒渣作业。

（3）企业管理人员安全管理不到位。下达作业任务前，没有对作业现场安全状况进行认真检查，对作业人员冒险作业未及时发现并予以纠正。

（4）企业对外包单位统一协调管理不到位。大白阳金矿未针对施工地段巷道地质条件较差、构造裂隙较发育、巷道岩石较破碎的实际情况制定并落实安全防护的技术措施。

3. 防范措施

（1）顺通公司、大白阳金矿要认真吸取事故教训，在公司开展一次全面的安全生产大检查，全面排查和及时消除各类事故隐患，对不符合安全要求的要立即整改；达不到整改要求的，坚决不允许作业。要正确处理安全与生产的关系，真正做到不安全不生产，杜绝类似事故，防止其他事故。

（2）顺通公司、大白阳金矿要进一步加强职工安全教育培训，增强安全教育培训的针对性，提高职工遵章依规作业的自觉性，从本质上提升职工安全意识及安全素质水平，杜绝"三违"现象的发生。

（3）大白阳金矿要认真落实对外包施工单位的安全监管责任，加强对施工单位作业现场的安全监管，督促外包单位严格按照安全生产标准化程序作业，切实履行好安全生产主体责任，确保安全生产。

8.4 建筑案例

案例一 延吉大千城"7·19"建筑施工坍塌事故

1. 事故经过

2015年7月19日16时50分许，延吉市青年广场北侧大千城施工工地因脚手架坍塌，造成1人死亡，14人不同程度受伤。详细情况如下：

2015年7月19日16时50分许，延吉市青年广场北侧大千城施工工地，施工作业人员在AB区裙楼北侧脚手架上进行外墙装饰作业时，脚手架从1-K至1-L轴开始坍塌，接着从中间向南北两侧连续坍塌，坍塌面积约为1 600 m²，因脚手架坍塌，造成1人当场死亡（魏××），14人不同程度受伤。其中7人留院观察、治疗，另外7人经过检查无大碍后于当天出院。

2. 事故原因分析

◆ 直接原因

（1）施工现场违反《建筑施工扣件式钢管脚手架安全技术规范》（JGJ 130—2011）的规定（作业层上的施工荷载应符合设计要求，不得超载），使吊运后在五层1-J轴至1-K轴之间（4.7 m）的长度范围内堆放的大理石材料的重量加上施工人员和脚手板重量超过局部施工荷载。这是此次脚手架坍塌事故的直接原因中的主要原因。

（2）C区脚手架1-J—1-R轴、AB区脚手架1-A—1H轴连墙件不足（有拆除现象）。

（3）延吉市彭飞建筑劳务有限公司作为脚手架安装单位，对架设脚手架没有履行验收手续，默认使用单位使用；在脚手架1-R—1-P轴有两步纵向水平杆接头和中间腰杆接头在同一跨内，局部扫地杆位置高，架体向外转角处有两处用模板代替垫板的缺陷，对架体的稳定性有影响。对事故发生负有责任。

◆ 间接原因

（1）北京市金星卓宏幕墙工程有限公司吉林省分公司项目部机构不健全，项目经理、项目安全员长期不在施工现场，项目部负责现场管理的三个人均无安全管理资质，导致该项目安全管理流于形式。

（2）长治市潞安环通装饰工程有限公司装饰幕墙资质不具备大千城幕墙装饰工程等级要求，项目部没有项目组织机构，没有设置项目专职安全员，没有认真落实安全生产责任制。没有相关的三级安全教育记录，没有相关的安全技术交底资料，没有相关的安全检查验收记录，项目经理不在现场，导致该项目安全管理混乱。

（3）延边长宁房地产开发有限公司肢解工程，擅自将项目发包给不具备安全生产条件、资质的单位和个人，破坏了总包单位与分包单位的管理关系。没有履行监督总包单位与分包单位安全责任关系的管理职责。

（4）延边工程建设监理有限公司在明知该脚手架存在安全隐患，虽然在7月12日与7月15日分两次发出隐患整改通知单（未见整改人签字），责令北京幕墙、长治装饰对脚手架安全隐患限期整改（未见回复单），但没有及时督促施工单位进行整改，在施工单位拒不整改的情况下，虽向建设单位汇报，但未向主管部门汇报，对这起事故的发生负有责任。

（5）延边元森建筑工程有限公司作为总包单位，对工程整体的安全生产工作缺乏协调管理。在未对脚手架进行验收的情况下，组织本单位施工人员上脚手架进行保温作业，并在延吉市住建局建管处分别于6月1日与6月10下达了脚手架不符合规范要求、连墙件数量不足限期责令整改通知书的情况下，没有及时将整改意见反馈给彭飞建筑劳务有限公司、北京金星卓宏幕墙工程有限公司和长治潞安环通装饰有限公司三家公司进行整改，对这起事故的发生负有责任。

（6）延吉市建筑业管理处于6月1日对该工地下达了整改通知书，于6月10日对该工地进行了复查验收，发现隐患整改不彻底，要求继续整改。直至发生事故，延吉市建筑业管理处没有对隐患整改及时进行监督，对这起事故的发生负有责任。

3. 防范措施

（1）事故相关责任单位要认真吸取事故教训，对施工现场要全面排查事故隐患，对排查出的安全事故隐患，要立即整改，有效防范和坚决遏制安全生产事故。同时，要举一反三，牢固树立"安全第一、预防为主、综合治理"的方针。

（2）事故相关责任单位认真做好企业从业人员的安全培训教育工作，要认真学习《中华人民共和国安全生产法》《生产安全事故报告和调查处理条例》《建筑工程安全生产管理条例》、《安全生产违法行为行政处罚办法》等法律法规规章，抓好现场安全管控工作，切实增强安全防范意识。要严格落实岗位资格准入制度，加强从业人员的岗位安全技能培训，提高企业从业人员的整体素质。

（3）事故相关责任单位要进一步完善安全生产管理规章制度和操作规程，并严格遵守执行，要加强对分包单位的安全监管，严格履行各自的安全责任。

（4）监理单位要认真履行安全监理职责，严格审查核验施工单位提交的有关技术文件、资料及特种作业人员操作证，并由项目总监在有关技术文件报审表上签署意见，审查未通过的严禁施工。

（5）延吉市建筑业管理处要加大日常监管力度，增加专业执法人员力量，提高现有执法水平。

案例二　长春建工集团有限公司"11·9"起重伤害事故

1. 事故经过

2015年11月9日，在南关区红嘴子大队南部新城二线污水干管建设工程施工工地，发生一起汽车吊倾倒事故，造成1人死亡、1人受伤。详细情况如下：

2015年11月9日17时许，长春建工集团有限公司在南关区红嘴子大队附近的南部新城二线污水干管工程施工工地，用临时雇用的汽车吊向作业坑内吊运顶管机头作业时，汽车吊发生倾倒。在汽车吊倾倒瞬间，司机孙××因本能反应跳出驾驶室，恰被倾倒的汽车吊砸中，当场死亡。同时，施工现场负责人杜××也被汽车吊倾倒时从驾驶室内甩出的汽动扳手砸伤。

2. 事故原因分析

◆ 直接原因

长春建工集团有限公司在南关区红嘴子大队南部新城二线污水干管建设工程施工工地，

用临时雇用的汽车吊向作业坑内吊运顶管机头作业时，吊车司机将汽车吊右后侧支腿支在预埋有空心混凝土管的地表上（混凝土管端面裸露），导致汽车吊在吊运顶管机头向吊车右侧作业坑转臂时，因右后侧支腿承重力急剧增加，将支腿下面的混凝土管压碎，吊车发生倾倒，造成司机当场死亡、现场负责人员受伤。

◆ 间接原因

（1）长春建工集团有限公司（项目施工单位）未按监理要求对进场的汽车吊落实报验和安全检验制度，临时雇用的汽车吊进场前未通知监理人员到场，无验收人员签字手续；管理人员和从业人员安全意识淡薄，对临时雇用人员（包括汽车吊司机）未按规定进行安全技术交底和安全教育培训；未有效开展隐患排查治理工作，对公司安全管理存在的漏洞没有及时发现并整改；安全生产规章制度不健全，主要负责人及安全管理人员岗位职责不明确；项目经理王××因身体原因离职且本人已向公司申请更换项目经理，但因无合适人选一直搁置，致使项目工地疏于管理。

（2）长春市城达市政工程监理有限公司（项目监理单位）在实施项目监理的过程中，履职尽责不到位。对施工组织设计不完善、施工单位管理制度不健全、现场安全管理不到位等问题未及时发现并提出整改措施；发现施工单位存在组织汽车吊进场且未履行施工机械设备进场报验和安全检验手续的行为，未采取有效措施制止并督促整改。

（3）长春润德春城建设项目管理有限公司（项目代建单位）对该工程项目未尽到监督、协调和管理职责，对施工单位存在的各类管理问题未及时发现并要求监理单位督促整改。

3. 防范措施

（1）长春建工集团有限公司要深刻吸取事故教训，全面深入开展隐患排查治理工作；健全安全管理机构，明确各级管理人员，严格按岗定编，并严格督促管理人员认真履行管理职责；完善各项规章制度和操作规程，并确保落实到位；按要求对临时雇用人员进行安全教育和培训，如实告知作业场所危险有害因素，保证生产安全。

（2）长春市城达市政工程监理有限公司要认真履行监理职责，严格按照法律、法规和工程建设强制性标准实施监理；加强对施工组织设计方案和安全技术措施的审查把关，督促施工单位加大安全隐患排查治理力度，对发现的问题坚决依法处理并及时督促整改到位，避免盲目施工，确保生产安全。

（3）长春润德春城建设项目管理有限公司要加大对代建项目中监理单位和施工单位的监督、协调和管理力度，认真履行代建职责，确保对建设施工活动中的安全问题做到及时发现并督促整改到位。

（4）长春市政府投资建设项目管理中心要严格遵守和执行《中华人民共和国建筑法》等相关法律法规的规定，及时办理各类建设审批手续，进一步规范建设工程的程序管理；自觉接受长春市建设行政管理部门和属地政府的检查监督，坚决杜绝违规行为发生。

（5）长春市建设行政管理部门要严格按照法律法规的规定，加强对市政府重点工程项目的监管，对检查中发现的问题要及时督促整改到位。

8.5 其他案例

案例一　上海教师公寓"11·15"特大火灾事故

1. 事故经过

2010 年 11 月 15 日，上海市静安区胶州路 728 号胶州教师公寓正在进行外墙整体节能保温改造，约在 14 时 14 分，大楼中部发生火灾，随后火灾外部通过引燃楼梯表面的尼龙防护网和脚手架上的毛竹片，内部在烟囱效应的作用下迅速蔓延，最终包围并烧毁了整栋大厦。消防部门全力进行救援，火灾持续了 4 个小时 15 分，至 18 点 30 分大火基本被扑灭；最终导致 58 人在火灾中遇难，71 人受伤。详细情况如下：

2010 年 11 月 15 日 14 时 14 分，4 名无证焊工在 10 层电梯前室北窗外进行违章电焊作业，由于未采取保护措施，电焊溅落的金属熔融物引燃下方 9 层位置脚手架防护平台上堆积的聚氨酯硬泡保温材料碎块，聚氨酯迅速燃烧形成密集火灾，由于未设现场消防措施，4 人不能将初期火灾扑灭，并逃跑。燃烧的聚氨酯引燃了楼体 9 层附近表面覆盖的尼龙防护网和脚手架上的毛竹片。由于尼龙防护网是全楼相连的一个整体，火势便由此开始以 9 层为中心蔓延，尼龙防护网的燃烧引燃了脚手架上的毛竹片，同时引燃了各层室内的窗帘、家具，煤气管道的残余气体等易燃物质，造成火势的急速扩大，并于 15 时 45 分火势达到最大。在消防队的救援下这种火势持续了 55 分钟，火势于 16 时 40 分开始减弱，火灾重点部位主要转移到了 5 层以下。中高层可燃物减少，火势急速减弱。在消防员的不懈努力下，火灾于 18 时 30 分被基本扑灭。随后消防员进入楼内扑灭残火和抢救人员。

2. 事故原因分析

◆ 直接原因

（1）焊接人员无证上岗，且违规操作，同时未采取有效防护措施，导致焊接熔化物溅到楼下不远处的聚氨酯硬泡保温材料上，聚氨酯硬泡迅速燃烧，引燃楼体表面可燃物，大火迅速蔓延至整栋大楼。

（2）工程中所采用的聚氨酯硬泡保温材料不合格或部分不合格。硬泡聚氨酯是新一代的建筑节能保温材料，导热系数是目前建筑保温材料中最低的，是实现我国建筑节能目标的理想保温材料。按照我国建筑外墙保温的相关标准要求，用于建筑节能工程的保温材料的燃烧性能要求是不低于 B2 级。而按照标准，B2 级别的保温材料的燃烧性能要求之一就是不能被焊渣引燃。很显然，该被引燃的聚氨酯硬泡保温材料质量不合格。

◆ 间接原因

（1）装修工程违法违规，层层多次分包，导致安全责任落实不到位。发生事故的大楼外墙节能保温改造由上海静安建设总公司总承包，总承包方又将全部工程分包给上海佳艺建筑装饰工程公司，上海佳艺建筑装饰工程公司又将工程进一步分包，脚手架搭设作业分包给上海迪姆物业管理有限公司施工，节能工程、保温工程和铝窗作业通过政府采购程序分别选择正捷节能工程有限公司和中航铝门窗有限公司进行施工。上海迪姆物业管理有限公司将脚手架工程又分包给其他公司、施工队等；正捷节能工程有限公司将保温材料又分包给三家其他单位。

（2）施工作业现场管理混乱，存在明显的抢工期、抢进度、突击施工的行为。

（3）事故现场安全措施不落实，违规使用大量尼龙网、毛竹片等易燃材料，导致大火迅速蔓延。

（4）监理单位、施工单位、建设单位存在隶属或者利害关系。建设单位上海静安区建交委，直接管辖着工程总承包单位上海静安建设总公司，第一分包单位上海佳艺建筑装饰工程公司及监理单位都是上海静安建设总公司的全资子公司，因此，监理单位、施工单位、建设单位存在明显的隶属及利害关系。监理公司没有认真履行建设工程安全生产职责，未依照法律、法规规定施行工程监理，对无证施工行为未能采取有效措施加以制止，未认真落实《建设工程安全生产管理条例》第十四条第二款规定的安全责任，在施工单位仍不停止违法施工的情况下，并没有及时向有关主管部门报告，对事故发生负有监督不力的责任。

（5）有关部门监管不力，导致以上四种情况"多次分包多家作业、现场管理混乱、事故现场违规选用材料、建设主体单位存在利害关系"的出现。相关部门对建筑市场监管匮乏，未能对工程承包、分包起到监督作用，缺乏对施工现场的监督检查，对施工现场无证上岗等情况未能及时发现并处置。有关部门对于业主单位上报备案的施工单位、监理未能进行检查，导致施工单位与监理存在"兄弟单位"关系。

3. 防范措施

（1）施工总包企业应建立健全安全质量管理制度并落实。施工总承包企业要规范自己的分包行为，严格监督分包单位的工作情况，不分包给不具有资格或内部人员不具有操作资格的单位，对发现分包单位的违法分包等情况要及时制止，严重的直接加入黑名单，不能因为是"兄弟单位"就降低要求。施工总包企业对分包单位要进行监督管理，及时发现事故隐患，并勒令其整改。施工单位要加大对作业人员的安全教育培训和上岗要求，对特种作业人员必须严格进行培训，并要求具备特种作业操作资格证，杜绝无证上岗的行为。培训时尤其要注意提高其安全意识，增强安全操作技能，将事故发生的可能性降到最低。施工企业要落实安全责任制，项目主要负责人、专职安全管理人员必须加强日常安全生产的监督检查，尤其对于一些危险性较大的施工作业，必须进行现场监督、指导，及时制止"三违"行为。

（2）监理单位应切实落实履行监理职责。按照《建设工程监理规范》及《建设工程安全管理条例》，工程监理单位在施工准备阶段应严格对工程总包单位、各分包单位进行资质审查并提出审查建议，同时加强在施工阶段的日常管理；对违反国家强制性标准的不安全行为，及时制止并下达整改通知，通知无效的，要立即上报建设单位，建设单位不采纳的，要上报安全生产主管部门。

（3）政府主管部门加强监督管理的职能。政府主管部门需进一步规范施工许可证的受理发放流程，确保建设工程的安全生产。严格加强对复工、新开工工地的审核，严格执行自查、整改、复工申请、现场复核、监督抽查和审核批准等程序办理复工手续；对需申领施工许可证的新开工工程，严格按施工许可申请、现场核查和申领施工许可证等程序办理有关手续。政府监管部门要加强施工现场的检查力度，突出重点，抓住关键环节，反"三违"（违章指挥、违章作业、违反劳动纪律）、查"三超"（超载、超员、超速）、禁"三赶"（赶工期、赶进度、赶速度），对违规行为进行重罚，落实监督的责任。

（4）加强对公众的高层逃生知识培训，让居民与工作人员了解逃生方法。

案例二　大港油田电力公司"4·19"触电事故

1. 事故经过

2017年4月19日，大港油田电力公司新世纪110 kV变电站例行检修工作结束后，变电站值班员在恢复送电倒闸操作过程中，发生一起触电事故，造成1人死亡。详细情况如下：

2017年4月19日，电力公司所属检修分公司负责对新世纪110 kV变电站的1#站用变、3013开关和3015开关进行检修。当天站内值班员为正值班员张×华、副值班员张×邦。按照当天检修计划，检修人员完成1#站用变和3013开关检修任务后，进行3015开关检修。10:44，完成3015开关检修工作，办理完工作终结手续后，检修人员离开检修现场。10:54，值班员张×华接到电力调度命令进行"新中联线3015开关由检修转运行"操作。11:00，张×华与张×邦在高压室完成新中联线3015-1刀闸和3015-2刀闸的合闸操作，两人回到主控室后，发现后台计算机监控系统显示3015-2刀闸仍为分闸状态，初步判断为刀闸没有完全处于合闸状态。两人再次来到3015开关柜前，用力将3015-2刀闸手柄向上推动。11:03，张×华左手向左搬动开关柜柜门闭锁手柄，右手用力将开关柜门打开，观察柜内设备。11:06，张×华身体探入已带电的3015开关柜内进行观察，柜内6 kV带电体对身体放电，引发弧光短路，造成全身瞬间起火燃烧，当场死亡。事故发生后，张×邦立即向港中变电分公司领导进行了汇报，拨打120急救电话，通知属地公安部门。11:25左右，电力公司经理赵×、党委书记方××、副经理刘××、李××、王××、袁××先后赶到事故现场，电力公司生产、安全、保卫等部门也陆续赶到现场，按事故报告规定向大港油田公司报告。公司副总经理、安全总监朱××接到报告后，带领质量安全环保处、生产运行处人员察看了现场，并按规定向地方政府和勘探与生产公司进行了事故报告。电力公司立即启动应急预案，生产调度中心组织运行方式调整，对新世纪变电站负荷进行转移，至12:10新世纪变电站所带负荷全部转移完毕，未影响负荷供电。

2. 事故原因分析

◆　直接原因

值班员张×华违规进入高压开关柜，遭受6 kV高压电击。

◆　间接原因

（1）本地信号传输系统异常，刀闸位置信号显示有误。同时采集信号的电力公司生产调度中心、港中变电分公司监控中心显示3015-2刀闸为合闸状态，而变电站主控室监控屏显示为分断状态。

（2）超出岗位职责，违章进行故障处理。变电站两名值班人员发现3015-2刀闸没有变位指示后，没有执行报告制度，也没有向电力公司生产调度中心进行核实，而是蛮力操纵刀闸，强力扭开柜门，探头、探身进柜内，违反了大港油田公司企业标准《变电站运行规程》（Q/SY DG 1407—2014）第4.2.6节中的"操作过程中遇有故障或异常时，应停止操作，报告调度；遇有疑问时，应询问清楚；待发令人再行许可后再进行操作"的规定。

（3）3015开关柜型号老旧，闭锁机构磨损，防护性能下降，在当事人违规强行操作下闭锁失效，柜门被打开。

（4）《变电站运行规程》条款不完善。在《变电站运行规程》第4.2节的"倒闸操作人员工作的基本要求"中，缺少运行人员"针对信号异常情况的确认"规定。该起事故中，当事人在合闸操作后到主控室监控屏确认刀闸的分合指示时，二次信号系统传输出现异常，现场刀闸状态与主控室监控屏显示不符，导致运行人员误判断。

（5）现场管理存在欠缺。检修现场没有安排人员实施现场安全监督，非检修人员进入现场，现场人员安全护具佩戴不合规范。

（6）检修工作组织协调有漏洞。电力公司应在电力例检时，同步开展二次系统检查；检修人员应在送电操作正常完成后，办理验收交接。

（7）安全教育不到位、员工安全意识淡薄。值班人员对高压带电作业危险认识不足，两名当事人在倒闸送电过程中，强行打开开关柜柜门，进入开关柜观察处理问题，共同违章。

（8）大港油田公司对事故重视程度不够，"4·19"事故发生后没有及时在油田公司内通报事故情况并及时采取相应的防范措施。

3. 防范措施

（1）完善规章制度。修订《变电站运行规程》的相应条款，增加"刀闸操作后，确认刀闸分合信号状态，并与调度核实是否同步"的规定。

（2）全面排查治理习惯性违章。依据相关管理办法、标准和《电力安全工作规程》中的要求，在岗位员工中全方面开展习惯性违章的自查自改和治理工作，要求岗位员工必须深刻剖析习惯性违章行为，做到自身排查与相互监督相结合。同时，各级领导干部要认真履行岗位职责，严格落实、执行安全工作规程的有关要求，强化检查指导，集中力量治理和消除习惯性违章行为。

（3）强化电力制度执行情况的监督考核。加强员工对《电力安全工作规程》《变电站倒闸操作规程》《变电站运行规程》等规章制度的掌握，要求岗位人员在工作中必须严格落实各项制度规定，一旦发现员工在工作中存在违反规定的情况，必须严格处理。继续排查仍未按相关制度落实执行的环节，并立即组织整改，加大执行情况的监督力度，加强运行操作和检修作业的现场监督、检查，加大"两票"及倒闸操作执行情况的考核，确保各项电力制度得到严格执行。

（4）深入开展作业风险排查防控工作。立即组织员工再次对工作所涉及的作业风险进行全面排查，将以往遗漏或未重视的作业风险查找出来，组织骨干人员开展风险评价，制定出可操作性强、切实有效的风险削减控制措施，在工作中严加落实。

（5）组织员工开展事故反思活动。组织各级员工开展此次事故的大反思活动，详细通报事故的经过，以安全经验分享的形式来警示员工，使员工深刻认识到严格执行《倒闸操作规程》的重要性和必要性，时刻绷紧"安全"这根弦。同时要举一反三，深刻吸取此次事故的深刻教训，另外还要加强员工专业知识和安全技能的培养锻炼，杜绝各类安全事故的发生。

习题与思考题

1. 分析事故原因的步骤是什么？
2. 处理各类事故的措施有什么共通性？
3. 试论述在案例分析中可能会运用到哪些安全学原理。

参考文献

[1]　景国勋. 安全学原理[M]. 北京: 国防工业出版社, 2014.

[2]　张景钢. 安全科学发展的三个阶段[J]. 电力安全技术, 2006, 8 (10): 22-25.

[3]　刘潜. 安全科学学科理论建设的历史回顾[J]. 安全与健康, 2002, 16(5): 32-35.

[4]　刘国财, 李永和. 安全原理的探索[J]. 兵工安全技术, 2000, 4: 44-48.

[5]　隋鹏程, 陈宝智, 隋旭. 安全原理[M]. 北京: 北京北学工业出版社, 2005.

[6]　李树刚. 安全科学原理[M]. 西安: 西北工业大学出版社, 2008.

[7]　吴超, 杨晃. 安全科学原理及其结构体系研究[J]. 中国安全科学学报, 2012, 22(11): 3-10.

[8]　贾楠, 吴超. 安全科学原理研究的方法论[J]. 中国安全科学学报, 2015, 25(2): 5-10.

[9]　谭洪强, 苏汉语, 雷海霞, 等. 安全法律法规核心作用原理及其方法论研究[J]. 中国安全生产科学技术, 2015, 8:186-191.

[10]　王秉, 吴超. 安全文化建设原理研究[J]. 中国安全生产科学技术, 2015, 12: 26-32.

[11]　张景林, 王桂吉. 安全的自然属性与社会属性[J]. 中国安全科学学报, 2001, 11(5): 6-10.

[12]　徐德蜀. 安全文化、安全科技与科学安全生产观[J]. 中国安全科学学报, 2006, 16(3): 71-82.

[13]　张景林, 蔡天富. 对安全系统运行机制的探讨——安全系统本征与结构[J]. 中国安全科学学报, 2006, 16(5): 16-21.

[14]　祁有红, 祁有金. 安全精细化管理: 世界 500 强安全管理精要[M]. 北京: 新华出版社, 2009.

[15]　罗云. 现代安全管理[M]. 2 版. 北京: 化学工业出版社, 2010.

[16]　金龙哲, 杨继星. 安全学原理[M]. 北京: 冶金工业出版社, 2010.

[17]　张智光. 企业安全, 我曾经误解你[M]. 天津: 天津科学技术出版社, 2009.

[18]　李飞龙. 安全文化建设与实施: 从"安"到"全"[M]. 北京: 劳动社会保障出版社, 2011.

[19]　王涛, 侯克鹏. 浅谈企业安全文化建设[J]. 中国钼业, 2008, 32(6): 81-84.

[20]　莫小荣. 浅谈企业安全文化[J]. 中国安全生产科学技术, 2007, 3(5): 119-121.

[21]　袁昌明, 唐云安, 王增良. 安全管理[M]. 北京: 中国计量出版社, 2009.

[22]　林柏泉. 安全学原理[M]. 北京: 煤炭工业出版社, 2013.

[23]　田水承, 景国勋. 安全管理学[M]. 北京: 机械工业出版社, 2009.

[24]　吴昊. 安全文化分析及其发展[J]. 中国安全生产科学技术, 2010, 06(6): 135-139.

[25]　焦丽萍. 浅谈企业安全文化与安全生产的关系[J]. 中共山西省委党校学报, 2004, 27(3): 56-57.

[26]　曾威, 赵新生. 企业安全文化建设浅析[J]. 石油化工安全环保技术, 2006, 22(4): 1-3.

[27] 刘凯峰，朱立秋，刘艳杰. 企业安全文化的重要性[J]. 煤炭技术, 2007, 26(5): 149-150.

[28] 李林，曹文华，毕海普. 基于 SMART 原则的企业安全文化评价体系研究[J]. 中国安全科学学报, 2007, 17(2): 121.

[29] 杨吉华. 安全管理简单讲: 实战精华版[M]. 广州: 广东经济出版社, 2012.

[30] 张传毅，李泉. 安全文化建设研究[M]. 徐州: 中国矿业大学出版社, 2012.

[31] 周世宁，林柏泉，沈斐敏. 安全科学与工程导论[M]. 徐州: 中国矿业大学出版社, 2005.

[32] 张景林，蔡天富. 构思"安全学"[J]. 中国安全科学学报, 2004, 14(10): 7-7.

[33] 朱力宇. 法理学[M]. 北京: 科学出版社, 2013.

[34] 石少华. 安全生产法治总论[M]. 北京: 煤炭工业出版社, 2011.

[35] 程根银. 安全科技概论[M]. 徐州: 中国矿业大学出版社, 2008.

[36] 罗云等. 安全经济学[M]. 北京: 化学工业出版社, 2004.

[37] 王昕. 安全经济效益评析[J]. 青海电力, 2000, (4): 52-59.

[38] 兰小童. 安全成本及其效益分析[D]. 北京: 华北电力大学, 2004.

[39] 姜俊俊. 安全投入与安全经济效益研究[D]. 淮南: 安徽理工大学, 2010.

[40] 彭红军，李新春，张宇，等. 安全投资经济效益的计量方法[J]. 统计与决策, 2007, (21): 163-164.

[41] 张鲁喻. 铁路运输安全投资经济效益的初步分析[D]. 北京: 北京交通大学, 2008.

[42] 李剑. 浅谈企业安全管理效益[J]. 大陆桥视野, 2012, (16): 89-90.

[43] 温晶峰. 浅谈企业安全投资[J]. 山东统计, 2010, (1): 22-24.

[44] 张夏. "三位一体"共保劳动者远离职业伤害——关于工伤预防、工伤保险、工伤康复等 3 份规范性文件的导读[J]. 广东安全生产, 2013, (13): 35-37.

[45] 刘新荣，杨建国，郭加宏，等. 某化工开发区职业伤害间接成本分析[J]. 工业卫生与职业病, 2005, 31(2): 111-116.

[46] 岳峰勤，王会民，尚民生. 1995～2000 年郑州市重大职业伤害事故伤亡资料分析[J]. 中国职业医学, 2003, 30(4): 33-34.

[47] 周建新，刘铁民，胡坚. 企业职业伤害风险分级模型研究[J]. 中国安全生产科学技术, 2005, 1(4): 22-26

[48] 黄小武，蔡夏林，刘凌燕. 我国职业伤害经济损失研究[J]. 中国安全科学学报, 2000, 10(1): 71.

[49] 李文华. 石油工程 HSE 风险管理[M]. 2 版. 北京: 石油工业出版社, 2017.

[50] 蒋军成. 事故调查与分析技术[M]. 北京: 化学工业出版社, 2009.

[51] 张景林. 安全系统工程[M]. 2 版. 北京: 煤炭工业出版社, 2014.

[52] 曾繁华，邹碧海，等. 职业卫生[M]. 北京: 中国质检出版社, 2015.

[53] 杨虎，钟波，等. 应用数理统计[M]. 北京: 清华大学出版社, 2006.

[54] 谢财良，王林，等. 生产安全事故调查处理的理论与实践[M]. 长沙: 中南大学出版社, 2016.

[55] 张景林，林柏泉. 安全学原理[M]. 北京: 中国劳动社会保障出版社, 2014.

[56] 宋大成. 职业事故分析[M]. 北京: 煤炭工业出版社, 2008.

[57] 黄大千，刘红军. 首钢重大危险源管理方法及应急预案的实施[J]. 安全管理大家谈,

2003, 30(3): 122-125.

[58] 李振慈. 工矿企业安全管理模式探索[J]. 劳动保护, 2005, (8): 68-69.

[59] 苗金明, 韩如冰. 现代企业安全管理方法与实务[M]. 北京: 清华大学出版社, 2011.

[60] 孙健, 王玉海, 杨列宁. 安全生产的管理模式[M]. 北京: 企业管理出版社, 2005.

[61] 高亮, 付兵, 任艳伟, 等. 石化企业安全管理模式探讨[J]. 石油化工安全技术. 2006, 16(2): 73-78.

[62] 周岳海. 现代企业安全管理模式与方法[J]. 航空安全. 2008, 30(4): 183-185.

[63] 张清友, 苏东亮. 钢铁企业安全管理模式探讨[J]. 河南冶金. 2007, 18(9): 53-59.

[64] 沈良峰. 基于知识管理的建设企业安全管理模式研究[J]. 科技进步与对策. 2008, (4): 100-101.

[65] 刘炳新, 马向民. 浅谈石油石化企业安全管理模式的转变[J]. 中国科技信息, 2010, 25(3): 28-33.

[66] 吴穹、许开立. 安全管理学[M]. 北京: 煤炭工业出版社, 2016.

[67] 刘秩松. 安全管理中人的不安全行为的探讨[J]. 西部探矿工程, 2005, 28(4): 174-177.

[68] 陈宝智. 安全原理[M]. 北京: 冶金工业出版社, 2008.

[69] 郑希文. 事故处理与工伤保险知识[M]. 北京: 中国劳动社会保障出版社, 2004.

[70] 李红博. 事故理论及其对策措施分析[J]. 科技信息, 2013, (06): 99-100.

[71] 林晓飞. 煤矿通防事故危险性预警及集成式管理系统研究[D]. 青岛: 山东科技大学, 2008.

[72] 亓蒙. 高压输电工程带电作业的安全管理方法研究[D]. 北京: 华北电力大学, 2014.

[73] 苗德俊. 煤矿事故模型与控制方法研究[D]. 青岛: 山东科技大学, 2004.

[74] 杨媛. 基于灰关联及其预测的煤矿安全管理及事故预警方法[D]. 焦作: 河南理工大学, 2010.

[75] 郑小平, 刘梦婷, 李伟. 事故预测方法研究述评[J]. 安全与环境学报, 2008, (03): 162-169.

[76] 刘蓉. 化工生产企业事故分析与预测研究[D]. 太原: 中北大学, 2015.

[77] 贾倩倩. 事故预测方法与控制对策研究[D]. 沈阳: 东北大学, 2011.

[78] 佟瑞鹏. 企业安全动态评价系统的研究[D]. 哈尔滨: 哈尔滨理工大学, 2005.

[79] 郭建秀. 基于神经网络的蛋白质折叠速率预测[D]. 淄博: 山东理工大学, 2007.

[80] 曲婧. 基于神经网络的无源时差定位算法研究[D]. 太原: 中北大学, 2010.

[81] 贺茂林, 黄姜皓. 矿山企业安全管理[J]. 科技传播, 2013, 5(21): 86-87.

[82] 邓仲玲, 赵鉴. 浅谈人的事故状态心理分析[J]. 化工质量, 2005, (04): 6-7.

[83] 郑晓晨. 工业企业安全管理创新模式研究[D]. 北京: 北京交通大学, 2009.

[84] 张胜强. 我国煤矿事故致因理论及预防对策研究[D]. 杭州: 浙江大学, 2004.

[85] 张传燕. 桥梁施工安全管理及评价系统研究[D]. 重庆: 重庆大学, 2008.

[86] 张文捷. 事故的原因分析及 3E 预防措施探讨[J]. 中国科技博览, 2011(06): 162-169.

[87] 宾伟, 崔崑岩, 高乃军. 加强安全文化建设的探索与实践[J]. 山东冶金, 2008(04): 60-61.

[88] 专家讲座. 事故构成和追踪系统[J]. 现代职业安全, 2006(02): 97-98.

[89] 李俞萱, 谢晓杰. 基于某桥梁的安全事故研究[J]. 价值工程, 2014, 33(05): 136-137.

[90] 全国注册安全工程师职业资格考试辅导教材编审委员会. 安全生产管理知识[M]. 北京: 中国大百科全书出版社, 2006.

[91] 中国安全生产协会. 安全评价师[M]. 北京: 中国劳动保障出版社, 2010.

[92] 李美庆. 安全评价员实用手册[M]. 北京: 化学工业出版社, 2006.

[93] 注册建造师继续教育必修课教材编写委员会. 机电工程[M]. 北京: 中国建筑工业出版社, 2012.

[94] 金龙哲, 宋存义. 安全科学原理[M]. 北京: 化学工业出版社, 2004.

[95] 姜亢, 王勇毅, 等. 事故案例分析[M]. 北京: 化学工业出版社, 2006.

[96] 全国注册职业资格考试指定用书配套辅导系列教材编写组. 案例分析100题[M]. 北京: 中国建材出版社, 2007.

[97] 钱江. 安全生产事故案例分析[M]. 北京: 中国电力出版社, 2007.

[98] 王贵生, 李献英. 安全生产事故案例分析[M]. 北京: 中国建筑工业出版社, 2011.